ベイジアンモデリングによる実世界イノベーション

統計数理は隠された未来をあらわにする

樋口 知之 監修・著

石井 信・照井 伸彦・井元 清哉・北川 源四郎 著

東京電機大学出版局

本書の全部または一部を無断で複写複製（コピー）することは，著作権法上での例外を除き，禁じられています．小局は，著者から複写に係る権利の管理につき委託を受けていますので，本書からの複写を希望される場合は，必ず小局（03-5280-3422）宛ご連絡ください．

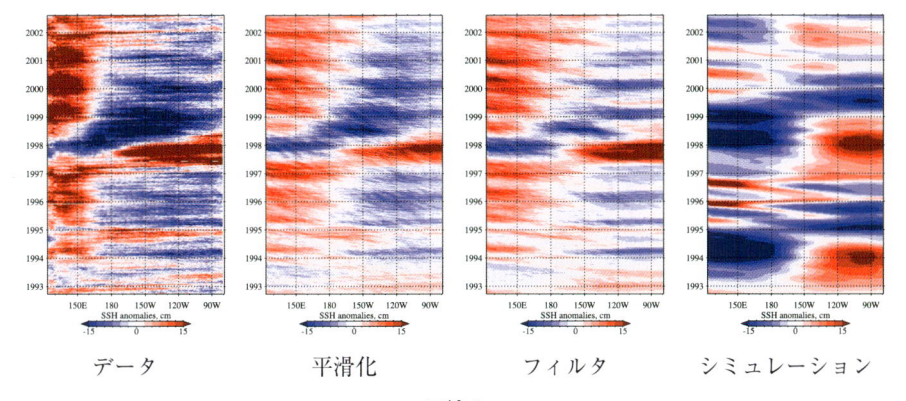

データ　　　　　平滑化　　　　　フィルタ　　　シミュレーション

口絵 1

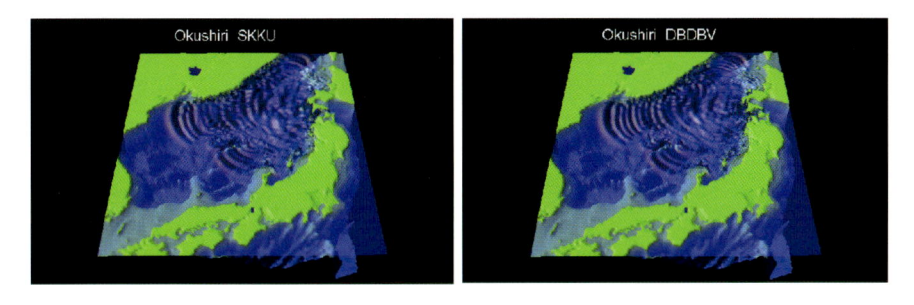

口絵 2

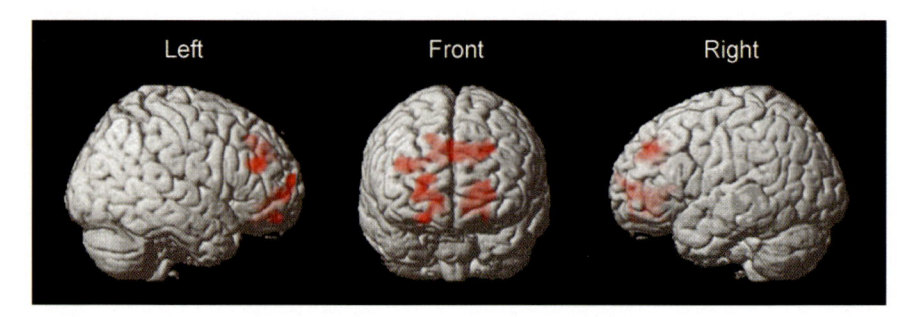

口絵3

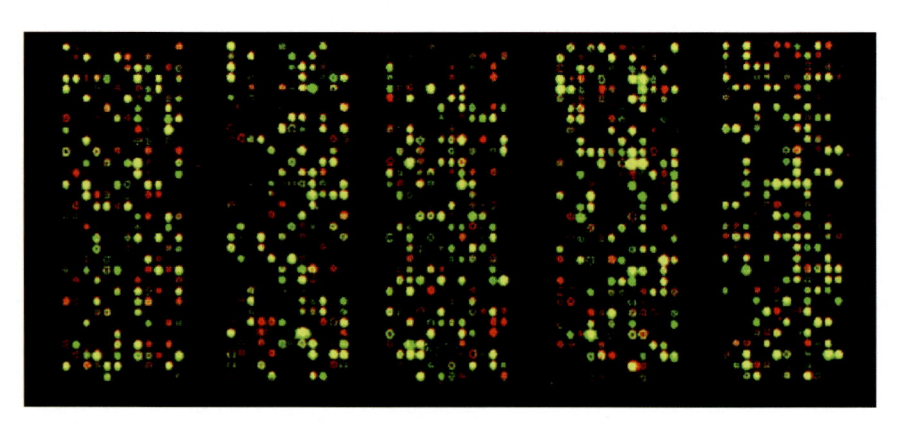

口絵4

はじめに

　今，インターネットに代表される ICT 革命により，人間が関わるあらゆるシステムが大きく変容しつつある．この変容によって，人類は大きな可能性を享受する一方で，これまで経験しなかったさまざまな社会的問題に直面しているのもまた事実である．この問題解決においては，複雑なシステムが不断に生み出す大量のデータの解析処理およびそこからの有用な情報の自動的な抽出，つまり計算機による知識の獲得が重要な課題であることは間違いない．では，研究の最前線ではこの課題にどのように取り組んでいるのか？　それにお答えするのが本書の目的である．

　動的かつ複雑な対象から得られるデータは，さまざまな計測・観測条件に応じて，時間的にも空間的にも多様な様相を呈する．この各状況の特性に即しつつ，データをうまく説明できる表現方法をもし手にしたのなら，予測や制御といった次のステップの作業が見通しよく完遂できるだろう．また，その作業プロセスも状況の変化に適切に対応できる柔軟なものとなるであろう．通常，我々はこの要求に対して，データ y の生成メカニズムを大量のパラメータ x を持つ統計モデル $p(y|x)$ で近似することにより解決を図る．ここで $p(y|x)$ は，x が与えられたもとでの y の分布，つまり条件付分布関数を示す．大量のパラメータを持つモデルの具体例として，時点数が N 個の時系列データならば，N の数倍の個数のパラメータを持つ時系列モデルがある．画像解析であれば，ピクセル数の数倍のパラメータを持つモデルを取り扱うのである．パラメータ数を増やすことでデータが得られたときのさまざまな状況の特性を指定することが可能になることは明らかであろう．

　従来の統計的モデリングでは，パラメータ x の次元をなるべく小さくするこ

とが王道，さらにいうと美徳とされてきた．それを極端にいえば，きわめて大量のデータでも，それらはすべて平均値と分散の2パラメータで規定されるガウス分布から得られたと仮定するようなものである．一方，確かにパラメータ数を増やせば増やすほど統計モデルの記述能力は向上するが，汎化能力と呼ぶ将来のデータの予測能力が減少する．この問題への対策として，パラメータxについても統計モデル$p(x)$を想定するのがベイズモデルである．この$p(x)$をベイズ統計では事前分布と呼ぶ．先験的情報と呼ばれることもあるが，この事前分布の導入により，次のベイズの定理

$$\text{ベイズの定理}: p(x|y) = \frac{p(y|x)p(x)}{p(y)} \propto p(y|x)p(x)$$

を用いることで，想定した事前分布$p(x)$がどのように修正されるのか，つまりパラメータxに関する不確実性がデータによりどの程度修正されたのかを観察するのである．この$p(x|y)$を事後分布と呼ぶ．ここで，すでに手元にあるデータyの発生確率$p(y)$はxによらない数値をとるので，事後分布$p(x|y)$は最右辺に比例することに注意していただきたい．この仕組みにより，多数のパラメータも安定して推論できるようになり，結果として高い予測能力とデータ記述能力を同時に持つ総合的な統計モデルが構成できる．本書では，この一連のモデル化行為を**ベイジアンモデリング**と呼んでいる．

パラメータの安定した推定技法としては，拘束（制約）付最小2乗法や最大エントロピー法がよく知られている．パラメータに何らかの罰金（拘束）を課すこの種の手法は，すべてベイズモデルの特殊形になる．これらの手法は，有限の観測データから直接観測できない多くの量を推測する，いわゆる逆問題の解決に利用されてきた．言い換えれば，逆問題の解決にはその未知の部分（つまりパラメータ）に対する我々の期待や既存の知識を積極的に事前分布としてモデルの形で表現し，能動的に情報抽出を行うことが必須であることを物語っている．

ベイズモデルに基づく逆問題解法の成功例は，地球科学の分野にすでに数多くみることができるが，今，そのデータ解析の最前線は，データ同化と呼ばれる手法で新たな展開を見せつつある．気象予測を例にとって説明してみよう．

毎日，膨大な数の人工衛星，航空機，船舶，ブイ，地上観測点からのきわめて大量なデータが気象予報機関に届く．一方，スーパーコンピュータ上では，物理・化学プロセスを数値表現したシミュレーションモデルが常時活躍している．それでも，データおよびシミュレーションモデルをそれぞれ単独に用いるだけでは，気象予報，特に長期予報や局所予報は難しい．すなわち，データからの情報だけでは高精度予報にはきわめて力不足であり，他方，シミュレーションモデルは所詮近似モデルであって，未来永劫，現実を忠実に表現することはできない．有効な解決策は先験的情報，この場合であればシミュレーションによる数値演算結果と，きわめて大量のデータからの両方の情報を活用することである．つまりここでは，シミュレーションによるアンサンブル予測（モンテカルロシミュレーションといってもいいだろう）が $p(x)$ に，また，シミュレーションの結果と実際のデータがどの程度合っているかを記述するモデルが $p(y|x)$ に対応する．前述したベイジアンモデリングによってこの両者の情報を統合する作業が，第 1 章で紹介するデータ同化と呼ばれる作業である．

ここまでくると，当然，事前分布の投入具合，つまり事前分布への信念の置き具合いはどのようにして決めるのかという疑問が沸く．これには，事前分布にもパラメータを導入することで自由度を残し，データ処理前の事前分布の決め打ちを避けることで対処するのである．つまり，事前分布を $p(x|a)$ で与えるのである．ベイズモデルでは，このパラメータ a のことを超パラメータと呼ぶ．超パラメータに対してもさらに不確実性を許容し，$p(a)$ を具体的に計算に導入し，さまざまな積分操作によって推論を行っていくのか階層ベイズ法である．

階層ベイズモデルでは，超パラメータを一つの値に決めることは避けたが，周辺尤度

$$p(y|a) = \int p(y|x) p(x|a)\, dx$$

の最大化によってデータに基づいて超パラメータを決定した後，諸々の推論を行うのが経験ベイズ法である．データ y は所与であるので，左辺は超パラメータ a の関数となることに注意していただきたい．本書でベイズ法といった場合，経験

ベイズ法も階層ベイズ法も区別せず，広く一般的にベイズモデルを利用した統計的推論をそう呼ぶことにする．

　階層ベイズモデルを模式的に書いたのが図 0.1 (a) である．第 3 章で紹介される，各個人の購買にまでモデル化を試みるマイクロマーケティングの応用例では，階層性が自然にモデルに入ってくる．最下層では個人の購買行動といったミクロ単位の確率モデルを採用し，階層が上がるにつれて個人の特性，層別化された集団の特性，地域の特性，そして時代効果といったように，各デモグラフィック（demographic）が階層ベイズモデルの階層に対応するわけである．第 2 章で紹介する動画像認識への応用例においても，情報処理の流れを俯瞰し，各処理プロセス間に実在する階層性を利用したベイジアンモデリングがなされている．

　このように，マイクロマーケティングと階層ベイズモデルの親和性が高いことは明らかであるが，階層ベイズモデル等のベイズモデルがマイクロマーケティングで活躍していることについては，もう一つ大きな理由がある．その理由は，マーケティングの各種データに典型的なスパースな情報空間（以下に具体的に説明する）の取り扱いにベイズモデルは適しているからである．POS（Point of Sales）データ，各種会員カード，電子マネー，IC タグ，インターネット調査

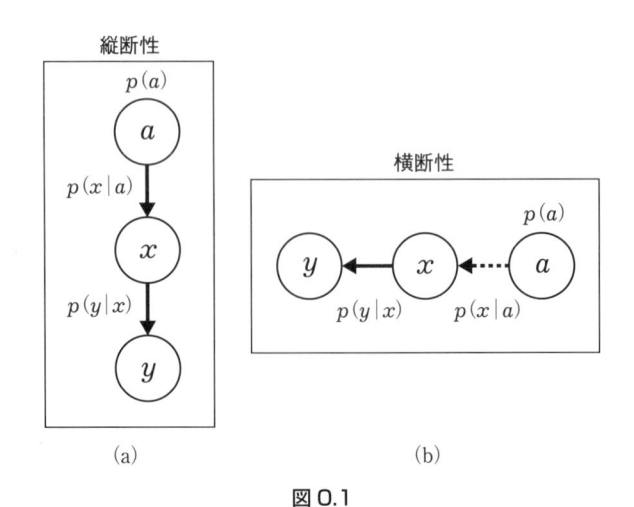

図 0.1

等々，人々の諸々の日常生活をとらえるデジタルデータの集積が加速する一方，個人の嗜好や状況に合わせたマーケティングを可能にする枠組みが求められている．個人に焦点を当てた研究の流れは，特にマーケティングの分野に限ったことではない．社会からの要請に目を向けると，低価格化（低コスト化）とあわせて資源の有効利用，つまり資源利用の選択と集中が焦眉の急である．また，価値観の多様化などを受け，"コ"（個人，個性，個別，固有）に特化したサービスがあらゆる日常生活の場で求められている．オーダーメイド医療，副作用の研究，テーラーメイド教育，環境に優しい製品など，すべて"パーソナライゼーション（Personalization）"という情報技術で概括できる"コ"に特化したサービスあるいは製品である．

では，パーソナライゼーションを達成するために必要な技術は何であろうか．これにもベイジアンモデリングが必須である．図 0.2 に示したように，さまざまな医療診断項目（横項目）に対する各個人の結果（数値，カテゴリーデータ）のデータが縦に大量に並べられたデータセットを例にとって考えてみる．大量のデ

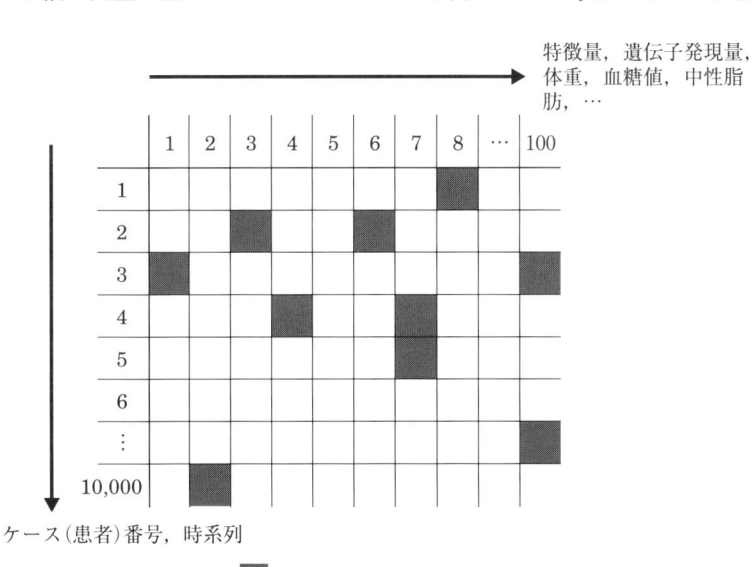

図 0.2

ータが得られるようになったとしても，健康な人とそうでない人は自ずと検査項目が異なり，その結果，すべての項目にデータがある場合は極めてまれである．ある病気の因子を探ろうとして条件をそろえる操作，例えば身長，体重，中性脂肪値，遺伝子発現データ等々が似た値を持つ人のグループで病気の発症に大きく影響する特徴量を探し出そうとしても，条件数が大きくなるとすべての条件項目で似た値を持つケース数が著しく減少する．このようなデータの有限性，表でいえばごく一部分にしかデータが埋まっていないような情報の欠損（スパースな情報空間）を前提として，"コ"に特化したサービスを実現しなければならない．そのためには，ある特徴量（属性）において似た値をとるものは，他の特徴量でも似た値をとることが期待できるといったような先験的知識を活用することで，表でデータが抜けているところを埋めていく作業が必要である．それも決定論的に埋めるのでなく，先験的情報を利用して確率的に情報を埋めていく．つまりベイジアンモデリングの登場である．この作業（Imputation）が終われば，上述の条件付けの作業を行ってもケース数がゼロになることは避けられ，結果として"コ"に特化した戦略が可能になる．マーケティング研究においても，既存の現場での経験的知識やマーケティング理論など，ありとあらゆる先験的情報にもとづく人間行動のモデル化により表が埋められ，個人の嗜好や状況にあわせたマーケティング戦略立案が実現されている．

　さて，階層ベイズモデルに話をもどそう．図 0.1（a）に示した階層構造を横にすることで，階層ベイズモデルは異種情報を統合するプラットホームにもなり得る．このことを模式的に示したのが図 0.1（b）である．今，図 0.1（b）の一番左端にあるように変数 y と x の間の関係が $p(y|x)$ で，a の情報の不確実性が $p(a)$ でモデル化されている状況を想定する．このとき，x と a の間の関係をもし何らかの形で確率的に表現し，これを統計モデル $p(x|a)$ で与えることができたならば，データ y に基づいた a の不確実性の評価が可能になる．図 0.1（b）では点線で示されている $p(x|a)$ の関係を明示的に与えたならば（実線にしたならば），いままで分離していた y に関する情報と a に関する情報を統合することができる．この仕組みを利用した例が，第 4 章のゲノムデータ解析である．

はじめに

　本書は，平成 18 年 12 月 4 日に開催した，赤池弘次統計数理研究所元所長の第 22 回京都賞受賞記念シンポジウム「ベイズモデルによる実世界イノベーション」（情報・システム研究機構及び統計数理研究所主催）の講演をまとめたものである．京都賞の授賞式は平成 18 年 11 月 10 日に厳粛かつ華やかに行われた．その様子は，稲森財団や統計数理研究所のホームページ，および，テレビ，新聞など各種マスメディアにも多数報道されている．また，授賞式のあとには，記念講演会および記念ワークショップが開催された．京都でのワークショップは，赤池元所長の多々ある業績のなかで，特にモデリングと情報量規準，AIC に焦点をあてたもので，著名な先生方による講演が行われた．一方，本シンポジウムは，ワークショップでカバーしきれなかった赤池先生の数多くの業績の一つであるベイズモデルの研究領域をシンポジウムのテーマとして取り上げ，その最新の研究成果を比較的若手の先生方にわかりやすく解説していただく企画とした．赤池先生とベイズモデルとの接点は，付録におさめた北川所長の解説をお読みになっていただきたい．

　東京大学医科学研究所の山口類氏には原稿を丁寧に読んでいただき，多くの指摘を頂戴した．本書の出版にあたっては，東京電機大学出版局編集課の菊地雅之氏にはひとかたならぬお世話になった．これらの方々には心から御礼申し上げたい．最後になるが，実世界との接点を最も大切にしておられた赤池元所長の高い志を讃える本になればと祈念している．

平成 19 年 5 月

樋口知之

参考文献

伊庭幸人「編集に当たって」（『階層ベイズモデルとその周辺』岩波書店（2004））
北川源四郎，樋口知之「予測とモデル」数理科学，36, No.9, pp.11-18（1998）
北川源四郎，樋口知之「知識発見と自己組織型の統計モデル」bit 別冊「発見科学とデータマイニング」pp.159-168（2000）
樋口知之「ベイズ統計」（『バイオインフォマティクス辞典』共立出版（2006））

刊行によせて ―AICとベイズモデル

赤池弘次

　この本では，ベイズモデルの事前分布を巧みに構成することで，解析者の対象に関する知識の有効利用が一気に実現する様子が様々な例を通じて目の前に展開されている．これを見れば，かつて確率的モデルの客観的利用を重視する統計研究者と主観確率に基づくベイズ統計学の論理的一貫性を重視する研究者の間で，いつ果てるともしれない哲学的論争が続いていたという事実は理解しがたいものに思われることであろう．

　パラメータ数の増加に伴って現れる最尤法の弱点を解消するために登場したAIC[*1]は，分布全体の構造を自由に変えられるベイズモデルの登場により，その役目の大半を終えたかの感がある．この文章の「AICとベイズモデル」という副題は，その意味で場違いなものに思われるかもしれない．実はAICの歴史的な役割としては，その導入がベイズモデルの実用化に思想的な拠り所を提供したという事実の方が，より重要なものと考えられるのである．

　AICの導入の過程を通じて，確率的な構造を利用して表現される統計モデルと「真の構造」との近さの評価の基礎となる情報量規準（対数尤度の差の期待値）の役割が明らかになった．これにより，パラメータの評価としての尤度から，モデルの評価としての対数尤度へと視点が転換し，分布の全体的な構造についての着想を観測データに基づいて比較検討を進める際の拠り所が与えられ，統計的情報処理におけるパラダイムの転換が発生したのである．

　この新しい見方に従えば，これまで客観派の統計学者が正体不明なものとして疑問視して来た主観確率による事前分布も，これがパラメータ数の増大に際して

[*1] An Information Criterion（通称，Akaike's Information Criterion）

発生する最尤法の弱点を補うという事実だけからも，その実用性が認識されることとなる．ここまで来れば，ベイズモデル実用化の一つの方向として，従来のモデルを利用しながら，最尤法の弱点を補うための適当な事前分布を考案するという，モデルの客観性を主張する立場からも容認できる展開の方向も見えてくる[*2]．

　主観確率の立場を主張する研究者が主導する，ベイズ統計学の第一回国際研究集会が1979年にスペインのバレンシアで開催され，主観確率に基づくベイズ統計学に批判的であった筆者がこれに招かれた．「論より証拠」の立場を重視する筆者は，主観確率の利用の必然性の主張に対する反論と共に，時系列のトレンドと季節成分の抽出を簡単に実現する具体例を含む，ベイズモデルの実用例の報告を準備した[*3]．

　この集会の議事録では，筆者の報告の内容全般について，ベイジアンの立場から様々な批判が加えられているのが見られる．その中には，「スペインに来てこの論文を発表するというなら，それは勇気のある男だろう」と思った，という発言も見られる．この研究集会の雰囲気が窺われるであろう．筆者にとっては孤立無援の雰囲気であった．

　しかし，主観確率派の優勢な全般的な討論の中で，カナダの企業の研究者が顔面を紅潮させ，「主観に基づく解析を議論できるのは，この部屋の中だけである．これは主観的な解析結果だなどと言えば，顧客の信用は得られない」という意味の発言を行った．実際の問題処理のための統計的情報処理に期待される内容を的確に表現する発言である．解析結果を現実の問題解決に利用しようとすれば，単純な数式的議論だけでは終わらない多方面からの考察が要求されるのは当然である．

　ベイズモデルの実用性が広く認識されると，これに必要な計算法の展開が要求されることになる．計算法の展開が実用的な段階に到達すると，実際の問題の処

[*2] H. Akaike, "An objective use of Bayesian models", Ann. Inst. Statist. Math. Vol. 29, 1977
[*3] H. Akaike, "Likelihood and the Bayes procedure", BAYESIAN STATISTICS, University Press, Valencia, Spain, 1980

理を通じて目的に適したモデルの作り方の要領を考えることだけが問題として残る．筆者自身は現在この問題の特性の理解に集中しているが，全般的な議論としてまとめる段階にはまだ程遠い感がある．ただし，現在でも言えることは，問題の要点を描き出すイメージの重要性である．

　イメージ無くして理論の有効適用はありえない．「真のモデル」は，当面の問題に対する最適なイメージを表現するモデルである．このように考えれば，「真のモデル」など存在しないという見方は，当面の問題のイメージの欠如の表現とも受け取られる．この本の読者が，モデルの比較検討を通じて得られる客観性の確保とともに，「真のモデル」を追求する意識を研ぎ澄ませ，ベイズモデルの有効利用の発展に積極的に貢献されることを心から期待する次第である．

目 次

はじめに i

刊行によせて ─AICとベイズモデル viii

第1章　シミュレーション科学と統計科学の融合：エルニーニョ，津波の場合　1

1.1　演繹と帰納 1
1.2　データ同化とは 3
　　1.2.1　データ同化研究の歴史 3
　　1.2.2　シミュレーションのデータへの当てはめ 4
1.3　逐次データ同化手法 6
　　1.3.1　シミュレーションの数理モデル形式 6
　　1.3.2　一般状態空間モデル 8
　　1.3.3　逐次更新公式 11
1.4　分布の表現 15
　　1.4.1　次元の呪い 15
　　1.4.2　数値的表現 15
　　1.4.3　モンテカルロ近似 17
1.5　アンサンブルベースのデータ同化技法 18
　　1.5.1　粒子フィルタ 18
　　1.5.2　アンサンブルカルマンフィルタ 21

1.6	エルニーニョ現象への応用	22
	1.6.1　大気と海洋の結合モデル	22
	1.6.2　シミュレーションモデルの診断	25
1.7	津波データ同化	27
	1.7.1　海底地形データの不確実性	27
	1.7.2　シミュレーションを併用した逆問題解法	28
1.8	未来デザインの道具へ	30
参考文献		32

第2章　確率モデルによるヒューマンモデリングとその応用　33

2.1	逐次ベイズ推定とは	33
2.2	脳における信念形成機構の解明	36
2.3	モデル同定強化学習によるマルチエージェントゲームの学習	41
2.4	ベイズフィルタによる視覚追跡	46
2.5	本章のまとめ	53
参考文献		55

第3章　ベイズモデリングによるマーケティング戦略　57

3.1	マーケティングとは何か	57
3.2	マーケティングとベイズモデリング	59
	3.2.1　マーケティングの現代的課題	59
	3.2.2　どうしてベイズモデリングが必要か？	61
	3.2.3　どうして強力なのか？	62
3.3	分析事例	63
	3.3.1　ブランド選択モデル ─最適化原理に基づく定式化	64
	3.3.2　消費者の価格変化に鈍感な領域を知る 　　　　─消費者の価格閾値の推定	65

3.3.3　消費者ごとに異なる価格を付ける
　　　　　—価格カスタマイゼーション………………………………　69
　　　3.3.4　値ごろ感の分布を知って価格戦略を考える
　　　　　—参照価格の消費者間分布による価格戦略……………　72
　　　3.3.5　テレビ広告の効果を家計別に測定して広告管理する
　　　　　—シングルソースデータを用いた広告効果測定と広告管理
　　　　　……………………………………………………………………　76
　3.4　マーケティング分野で統計科学が期待されるもの………………　82
参考文献……………………………………………………………………………　83

第4章　ベイズモデルによる遺伝子制御ネットワークの推定　85
　4.1　バイオインフォマティクスと計測データ…………………………　85
　　　4.1.1　バイオインフォマティクス………………………………　85
　　　4.1.2　SNP データ…………………………………………………　86
　　　4.1.3　タンパク質間相互作用データ……………………………　87
　　　4.1.4　マイクロアレイデータ……………………………………　88
　4.2　マイクロアレイデータによる遺伝子ネットワークの推定………　91
　　　4.2.1　遺伝子ネットワークとは…………………………………　91
　　　4.2.2　遺伝子ネットワークの推定………………………………　92
　　　4.2.3　ベイジアンネットワークとノンパラメトリック回帰モデル
　　　　　……………………………………………………………………　94
　　　4.2.4　ネットワークの構造推定…………………………………　96
　　　4.2.5　生物学的知識の併用………………………………………　99
　　　4.2.6　最適ネットワーク推定アルゴリズムと Greedy アルゴリズム
　　　　　……………………………………………………………………　102
　4.3　創薬ターゲット遺伝子のイン・シリコ探索………………………　107
　　　4.3.1　遺伝子ネットワークと創薬ターゲット遺伝子…………　107
　　　4.3.2　Fenofibrate 関連遺伝子の同定……………………………　108

　　　　4.3.3　遺伝子間因果の発見に向けて……………………………… 114
　4.4　今後の課題……………………………………………………… 115
　参考文献………………………………………………………………… 117

付録　情報量規準AICからベイズモデリングへ —赤池弘次氏がたどった道
119

　A.1　予測の視点と最終予測誤差FPE ……………………………… 119
　A.2　分布による予測と情報量規準 ………………………………… 121
　A.3　パラメータの制約とベイズモデリング ……………………… 123
　　　　A.3.1　季節調整と制約付最小2乗法 ………………………… 123
　　　　A.3.2　ベイズモデルへ………………………………………… 125
　A.4　情報化時代の統計的モデリング ……………………………… 127
　参考文献………………………………………………………………… 129

索引………………………………………………………………………… 131
著者紹介…………………………………………………………………… 135

第1章

樋口知之

シミュレーション科学と統計科学の融合：エルニーニョ，津波の場合

　本章では，シミュレーション科学と統計科学の融合が「データ同化」と呼ばれるベイジアンモデリングの一手法により可能であることを示し，その応用例としてエルニーニョと津波の現象の解析を紹介する．

　データ同化という言葉を初めて耳にする方も多いと思われるので，本章ではその概念と基本的な枠組みを理解してもらえるよう配慮した．

　この研究の多くは，科学技術研究振興機構（JST）の戦略的創造研究推進事業（CREST）による，「先端的データ同化手法と適応型シミュレーションの研究」プロジェクトの成果によるものである．プロジェクトコアメンバーは，樋口を代表として，統計数理研究所の上野助教，JST研究員の中野博士，総合研究大学院大学の博士課程の中村君（現在はJST研究員）である．

1.1　演繹と帰納

　様々な科学の領域において，計算機シミュレーションは，研究対象の複雑な現象の解明の手段として，実験・理論と並ぶ自然科学の第三の研究手法として確立されている．これ以後「シミュレーション」という場合，それは計算機シミュレーションを指すものとする．

　通常シミュレーションは，当該分野の基礎理論式を計算機に実装するために数理モデルに変換した，いわゆるシミュレーションモデルの開発から始まる．基礎理論式は通常，連続時間・連続空間で定義されることが多いので，それをそのまま計算機上で厳密に表現することはできない．したがって何らかの離散化作業が

必要となる．離散と連続は別物であるから，計算機上で実現された結果は，基礎理論を何らかの意味でモデル化した"数理モデル"によるものと理解しておくことが大切である．ただ，シミュレーションモデルは基礎理論式から導かれた演繹的なモデルには違いない．もしもシミュレーションモデルが動的な時間発展形式ならば，初期条件，境界条件等を与えれば解は粛々と計算され更新されていく．得られた計算結果から，高度化された可視化技術等を利用して当該分野における科学知を発見していく作業，それがシミュレーション科学の研究スタイルといえよう．

一方，統計科学においては，研究対象の理解のために，現象を支配している規則，関係式といった経験則を観測や計測データから推定していく．すなわち帰納的推論を行う．データ同化は，シミュレーション科学のような演繹的な推論と，統計科学に代表される帰納的な推論を融合するためのプラットフォームである．これは，本書の他の章にもあるように，不確実性に関して様々なレベルの異種多様な情報をベイジアンモデリングという共通の枠組みで融合していく，一つの例にほかならない．データ同化のもたらす恩恵は単なる異種多様な情報の融合にとどまらず，経済効率性も勘案した情報抽出能力の高い計測および観測システムのデザインにも及ぶ．

本章では，まずデータ同化とは何かを概観する．次に，大別して二通りある同化手法の一クラスである逐次データ同化手法と，時系列モデルの一つのクラスである一般状態空間モデルの関係を解説する．逐次データ同化手法には複数のタイプがあるが，すでに気象・海洋予測といった現業でも一般的によく利用されているアンサンブルカルマンフィルタと，拡張性の上で将来性が期待されている粒子フィルタのアルゴリズムの根幹部分を紹介する．

各手法を応用した例として，エルニーニョの解明および津波の現象を用いた海底地形の推定を取り上げる．例えば，津波データ同化によって，日本海は実はもっと浅いのではないかということが少しずつわかってきた．まだ直接観測して確認したわけではないので，この結果は本当かどうかわからない，まだ素朴な解析段階である．しかしながら，手元にある材料を最大限活用することで，直接観測

しなくても，これまで知られていなかった事実を発見できる可能性があることはぜひ理解してもらいたい．

最後に未来デザインの道具としてデータ同化技法を位置付け，まとめとする．

1.2　データ同化とは

1.2.1　データ同化研究の歴史

データ同化は気象学・海洋学の分野で発達してきたもので，特に1990年代中頃以降になって非常に研究が盛んになってきた．その理由として，科学研究目的で打ち上げられる人工衛星の利用法の変化が最初にあげられる．1990年より前の人工衛星の第一の使命は，新規科学的事実の発見であったといえよう．人工衛星はそのセンサーの向きを，人類未踏の木星，土星といった地球の外側に向けていた．そして，その眼を180度回転して地球表面に向け，地表や海面を時間的，空間的に綿密に観測してデータを収集するようになってきたのが1990年代以降の傾向である．

転換をもたらしたのは，近年，著しい発展をとげたスーパーコンピュータの計算能力をもってしても，地球環境の状態把握と将来の予測問題を解決するには参照するデータ量があまりにも不足していたという事実である．大気・海洋はもとより陸域，太陽放射などが互いに影響を及ぼしあって生起する地球科学現象の解明には，それらのフィードバック的な性質と非線形的なプロセスの理解が本質的に必要である．これらの特性の把握には，従来はシミュレーションの実施がほとんど唯一の手段であった．しかしながら，シミュレーションの計算結果を検証するには，シミュレーション内の諸々物理量の時空間変動を高頻度・高空間精度で観測する必要性に迫られたのである．

また，1990年代はエルニーニョあるいはラニーニャが多数発生し，それが深刻な災害を及ぼしていた年代でもあった．これら地球規模の災害問題に対して真摯に取り組んでいこうという世界的な一般市民レベルの意識の変化も，1990年

代以降データ同化の研究が盛んになってきた遠因であろう．今年，『不都合な真実』という地球温暖化を取り扱ったドキュメンタリー映画が話題になっている．これまで京都議定書の調印を拒んできた大国，アメリカにおいても，人間活動の地球環境破壊に対する意識に変化が見られつつある．また IPCC（Intergovernmental Panel on Climate Change：気候変動に関する政府間パネル）の第4次報告書の断片が諸メディアで報道され，地球環境変動の定量的把握に関して一般レベルでもその重要性がますます認識されつつある．地球環境の定量的な状態把握および予測の基盤的技術とも言えるデータ同化が真に活躍する場はこれからともいえる．

1.2.2　シミュレーションのデータへの当てはめ

ここではごく簡単な例を使って，データ同化の基本的な概念を理解してもらう．図 1.1 の◇の点で示したように，横の時間軸 n に対してある観測量 y_n が得られた例を考える．統計を利用した典型的なデータ解析では，このような観測データに対して少数のパラメータを持つモデル，例えば一次直線 $y_n = an + b + w_n$ のようなモデルをまず当てはめる．統計学ではこのようなモデルのことをパラメトリックモデルと呼び，a や b がパラメータに相当する．その値はあらかじめわ

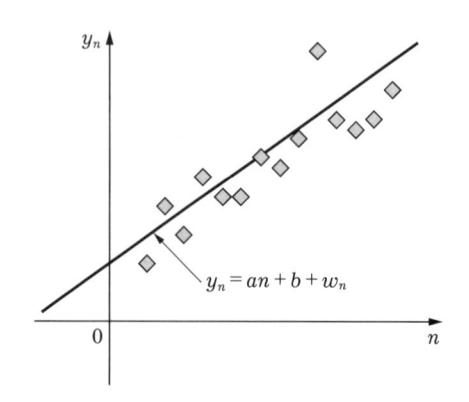

図 1.1　一次直線のモデル

1.2 データ同化とは

からないので，最小２乗法など何らかの統計的な基準でもってデータからパラメータの値を定める．つまり，データにパラメトリックモデルを当てはめるわけである．パラメトリックモデルと実際のデータとの乖離は，観測ノイズと呼ばれる残差項 w_n が担う形となっている．

一方データ同化では，データにシミュレーションモデルを当てはめる．では，パラメータに相当するものは何であろうか．シミュレーションモデルの中にも未知の不確定要素はたくさんある．まず，初期条件や境界条件といったシミュレーションの計算に不可欠の要素がそもそも未知であったり，あるいは部分的に情報が欠落している場合がある．気象予測には適切な初期条件の設定が肝要であることは自明であろう．データ同化では，シミュレーションに含まれる初期値，境界値といったような様々な物理量をデータを通して，実際の現象をなるべく再現するように定めるのである．

また，シミュレーションモデル自体がいろいろな不確かさを本質的かつ必ず持つ．まず，シミュレーションの基礎となる理論式自体がすでに実際の現象の近似である場合が多い．例えば，流体方程式は対象がある近似物理条件を満たすときに採用するのが妥当であり，そもそも方程式自体がすでに近似であることにほかならない．また，その理論式をさらに計算機上に実装する際，いろいろな近似が必然的に発生する．1.1 節で説明した連続量から離散値への変換も同様である．シミュレーションではそもそも物理現象を厳密に再現できないのは驚くことではない．本当に実際の現象を上手に表現する"実世界シミュレーション"を実現するには，どうしてもシミュレーション内の諸変数をデータと照らし合わせていくことが必要となる．この照合作業により，シミュレーションモデルに内在する不確かさを推測・検討するのが，データ同化の一つの目的である．きわめて健全で自然な発想だといえよう．

では，もしも力業的にあらゆる変数を観測するシステムを構築すれば，話はおしまいであろうか？ そもそも予算に限界があり，そのような網羅的な観測システムは構築できない上，もっと難しい問題が現実には横たわっている．実は地球科学および宇宙科学の推論問題というのは，本質的に不適切な逆問題であるケー

スが多い．つまり，観測値から興味ある対象量を一意に同定できない上，観測値に含まれる様々な不確定要因が推定解を破滅的に不安定にする．したがって，シミュレーション内の諸量を直接計測できないという設定と，予算の関係から直接得られる情報に限界があることを十分認識しなければならない．よって，シミュレーションモデルと観測データの協調作業，つまりデータ同化が求められるのである．

データ同化は，別に地球科学や宇宙科学のシミュレーションモデルだけではなく，あらゆるシミュレーションモデルに適用できる．ただし当然だが，シミュレーションに間接的にでも関連したデータが手元にあるとの条件は付く．気象海洋現象の様々な時間・空間スケールを結合した最先端の大規模なシミュレーションモデルはもちろん，大学の一研究室で行われているような，ある生物の特定の行動現象に興味があり，その観察データに対して学生・院生レベルで構成するぐらいの小規模シミュレーションモデルもデータ同化の応用対象である．

1.3 逐次データ同化手法

1.3.1 シミュレーションの数理モデル形式

（1） 状態ベクトル

データ同化手法の説明の前に，時間発展形式をとるシミュレーションモデルの数理モデル形式を考える．多くの分野においては，通常，実際の現象の時間発展を連続時間・連続空間の偏微分方程式系で表す場合が多い．気象・海洋のような地球科学の分野においては，これはスタート地点としては疑うことなく妥当であるとされている．この時間発展解を得るには，コンピュータの上で数値計算をせねばならない．つまり，解析解が得られないのは間違いなく普通である．コンピュータ上で計算するには，時間上でもまたは空間上でも"直接的"に離散化する作業が必要である．もちろん，厳密に言えばこの作業を回避する手段はありえるが，何らかの意味で連続解と離散解をつなぐモデル化のプロセスが介在し，連続

解と離散解は対合しない．

　直接の離散化作業は有限差分に基づいて行う場合が多い．その場合，もともとの様々な連続量は，時間および空間方向に離散化された代表点のみにおいて定義される．例えば，地球科学では緯度経度格子（球面を球座標の緯度と経度方向にそれぞれ等間隔に細かく切った格子系（グリッドと呼ぶ））上で偏微分方程式を解くことが通常である．シミュレーションを行う上で必要な物理変数，化学変数といった様々な変数がすべての格子点に定義されている．これら格子系上で，境界条件や初期条件を与えて次々と格子点上の変数値を更新していく作業が，通常行われているシミュレーション計算の実体である．シミュレーション科学の最先端では，離散化から派生する数値的問題の克服にいろいろな格子系が提案されている．

　高空間解像度のシミュレーション計算では格子間隔を非常に狭くするため，必然的に格子点数が膨大となる．例えば，今想定しているシミュレーションでは，適当な点から数えた i 番目の格子点上の点で定義される量は温度 T_i と表面風速ベクトル (U_i, V_i) であるとする．ここで U_i は東西方向，V_i は南北方向の風速である．格子点数は M 個であったとする．時刻 n における各格子点の定義された量を縦に格子点数だけずらっと並べて，

$$x_n = [T_1, U_1, V_1, T_2, U_2, V_2, \cdots, T_i, U_i, V_i, \cdots, T_M, U_M, V_M]'$$

というように縦ベクトルを構成する．"'" は転置を意味する．このベクトルのことを状態ベクトル，ベクトル内の変数を状態変数と呼ぶ．格子点の数が多くなると，この構成される状態ベクトルの次元は巨大なものになる．

（2） 未来と過去の接点

　さらに，シミュレーション計算を実行する上で所与とせねばならない未知の量すべてをパラメータとして取り扱い，さきほどの状態ベクトルに付け加える．この拡大されたベクトルをあらためて状態ベクトルと定義しても，なんら差し支えない．そうすると，シミュレーションというのは離散化された時間系で，時刻 $n-1$ の状態ベクトルから時刻 n の状態ベクトルへの更新操作に対応する．つま

時刻 n の状態 ← $x_n = F(x_{n-1})$ → 時刻 $n-1$ の状態

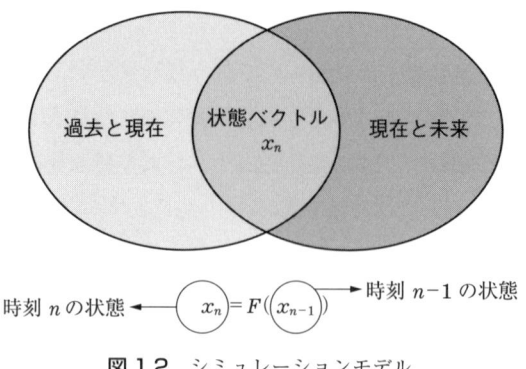

図 1.2 シミュレーションモデル

り，図 1.2 の関数 F に相当する．ただ，F は解析的に与えられるのではなく，計算機の上で実現される x_{n-1} から x_n への写像を形式的に描いたプログラムに，実際は相当する．明らかに写像 F は非線形写像である．

このことを模式的に書いたものが図 1.2 である．図の左の楕円が過去と現在を，右の楕円が現在と未来の情報を表し，重なりの部分，すなわち状態ベクトルの部分に過去と未来をつなぐ情報が埋め込まれている．つまり，状態ベクトルは過去と未来の接点になっており，そして状態ベクトルの値の更新作業がシミュレーション計算なのである．

1.3.2　一般状態空間モデル

(1) システムモデル

そうするとシミュレーションモデルというのは，時系列解析の分野で昔から研究されてきた一般状態空間モデルのシステムモデルに対応する．これは，別名イノベーションの方程式ともいう．一般状態空間モデル等の時系列モデルに関しては，北川（2005）[1.1] の教科書を参照されたい．時系列解析では，システムモデルにシステムノイズ（あるいはイノベーションノイズ）と呼ぶ確率的な擾乱を陽に取り入れることが普通である．シミュレーションでは，このような組み込み

操作は通常は行わない．むしろ御法度とされる．一方，データ同化においては，対象の時間に依存した不確実性の効果を数値的に表すために，便宜的であることも多いが，システムノイズを導入することもある．例えば，境界条件の時間依存性を調べるために，境界条件に関連する状態変数の時間変化をシステムノイズが駆動するモデル，つまり確率的シミュレーションを考えるのである．

初期値がよくわからない，または初期値の信頼性が状態変数ごとに違うなど，初期ベクトルに不確実性がある場合は，初期状態ベクトル x_0 を確率変数として取り扱うのが自然であろう．つまり，x_0 の確率分布 $p(x_0)$ をシミュレーション計算の枠組みに組み込む．そうすると，シミュレーションの時間発展解はおのずと単一パスから分布の時間進化形に変容する．システムノイズを導入しても同様のことがおこる．実世界シミュレーションを行いたい，あるいはシミュレーションを用いてリスク解析を行いたいならば，分布の時間発展を追うのは必然であろう．

このようにデータ同化では，いろいろなモデル化誤差を初期状態ベクトルやシステムノイズに便宜的に代表させ，同化の結果を見ることで何がシミュレーションとデータとの乖離を引き起こしているのかを吟味する．どのような確率的揺らぎを持ち込むことで実際のデータをより説明することができるのか，そのことを理解することで逆にシミュレーションモデルの設計変更方針が立てられる．

（２）　観測モデル

シミュレーション内の変数と実際の観測ベクトルの関係を表すモデルが，一般状態空間モデルを構成するもう一方のモデル，すなわち観測モデルである．時刻 n の観測ベクトルを y_n，観測ベクトルに含まれるノイズ項を w_n とすると，観測モデルは $y_n = H(x_n, w_n)$ となる．一般状態空間モデルの場合，状態ベクトルと観測ベクトルの関係が非線形であってもいいが，通常よく行われるデータ同化では線形（H が行列）である．すなわち，$y_n = H x_n + w_n$ となる．地球科学の場合，状態変数のごく一部しか直接観測できない場合がほとんどである．したがって行列 H は，きわめて横長の，ほとんど０が並んだ，ごくたまに１がある要素をも

つものとなる．

　以上のように，データ同化は一般状態空間モデルの枠組みで記述できる．もし，F や H が行列で，システムノイズ及び観測ノイズともにガウス分布に従うものであったなら，これは制御等にもよく使われる状態空間モデルである．状態空間モデルは非定常の現象を記述するのに適した時系列モデルであり，その汎用性は広く知られている．F や H を非線形にしたり，あるいはシステムノイズや観測ノイズがガウス分布に従わないものを考えると，それはカオスやファイナンスの時系列モデルがほぼ包含される非ガウス非線形時系列モデルに拡張される．時系列モデルは，それまでの F や H のように，状態ベクトルの写像関数形を考える形式から x_{n-1} や x_n に関する条件付分布の表現形を取り扱う形式にさらに一般化できる．つまり，$p(x_n|x_{n-1})$ 及び $p(y_n|x_n)$ のモデル化を行う．これが一般状態空間モデルである．この研究領域は，赤池元統計数理研究所長および北川現所長が，世界的に見ても先導的にいろいろな成果を出してきた領域である．この研究成果の蓄積をデータ同化の分野に適用していくのが，本研究プロジェクトの提案の動機であった．

（3） 鎖状グラフィカルモデル

　一般状態空間モデルで表現される時系列モデルというのは，図1.3にあるようにグラフィカルモデルと呼ばれる確率モデルで表現できる．直接には観測できない量で構成される状態ベクトルにその初期値 x_0 が与えられると，システムモデ

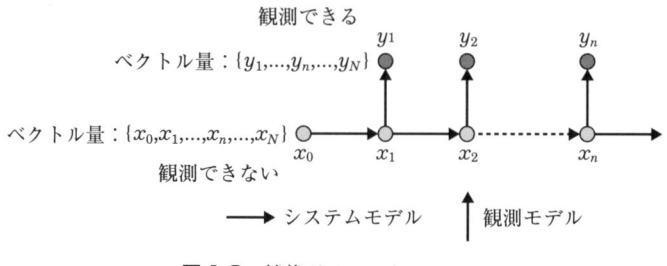

図 1.3 鎖状グラフィカルモデル

ル，データ同化の場合はシミュレーションにより，次の時刻の状態ベクトル x_1 が生成される．次に y_1 が与えられる（観測される）と，観測モデルを通じて状態ベクトルの部分的な情報が得られ，状態ベクトルの推定が検証される．また，システムモデル，つまりシミュレーションにより x_2 が得られ，そしてその値を観測ベクトル y_2 で検証するというように，ずっと時間の発展を追っていく．このような形式のグラフィカルモデルを鎖状構造グラフィカルモデルと呼ぶ．

鎖状構造グラフィカルモデルにおいて状態ベクトル及び観測ベクトルのとる値がすべて離散値であったなら，このモデルは昔から知られている隠れマルコフモデルに一致する．隠れマルコフモデルは，遺伝子解析，音声認識（話者認識），仮名漢字変換，高度な自然言語処理等で幅広く使われており，我々が気付かないうちにその恩恵を被っている，ICT 社会の基盤的情報技術の一つとなっている．また，この項で前述したように値が連続値をとるような場合，これはカオスや金融工学で使われている時系列モデルに対応する．

1.3.3　逐次更新公式

時系列モデルが 1.3.2 項で説明した鎖状グラフィカルモデルで与えられる場合には，図 1.4 で表現できるような状態ベクトルの条件付分布に関して，非常に便利な漸化式が存在する．これ以後，$z_{1:n}$ は最初の時刻から時刻 n までのベクトル z をすべて並べた量とする．

(1)　予測，フィルタ，そして平滑化分布

漸化式を理解する上では，次の三つの分布を考えればよい．一つは予測分布と言われるものである．例えば観測ベクトルが日次株価平均のデータ（この場合，観測はスカラー量だが）で，状態ベクトルが観測できない（直接知ることができない）経済の状態（これもスカラー量）だとする．昨日（時刻 $n-1$）までの株価のデータ（$y_{1:n-1}$）に基づいて今日の経済の状態を推定し，その不確実性を数値的に表現したものが予測分布 $p(x_n|y_{1:n-1})$ である．一つのデータが新しく入って

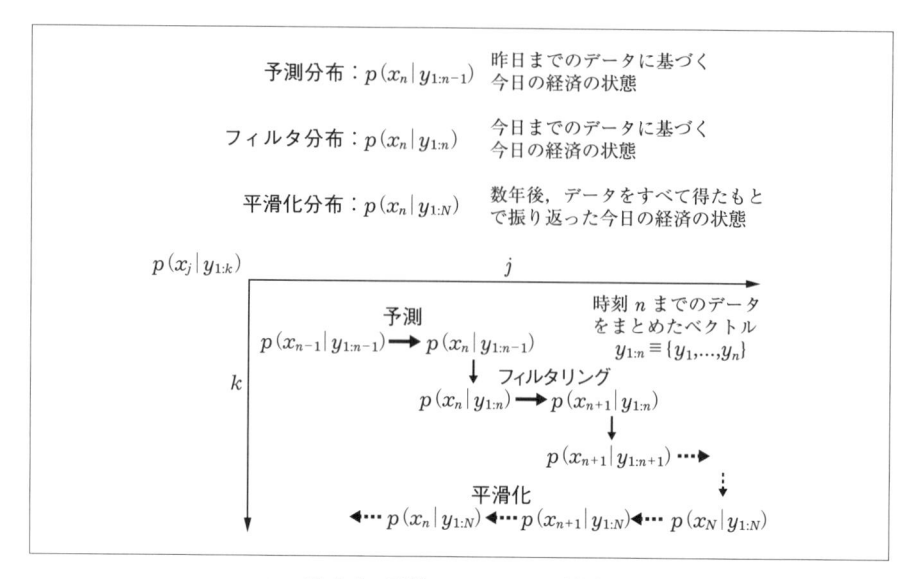

```
                    予測分布：p(x_n|y_{1:n-1})      昨日までのデータに基づく
                                                今日の経済の状態

                    フィルタ分布：p(x_n|y_{1:n})    今日までのデータに基づく
                                                今日の経済の状態

                    平滑化分布：p(x_n|y_{1:N})      数年後，データをすべて得たもと
                                                で振り返った今日の経済の状態

  p(x_j|y_{1:k})                    j
  ─────────────────────────────────────────────────▶
              │       予測              時刻 n までのデータ
              │                       をまとめたベクトル
              │  p(x_{n-1}|y_{1:n-1}) ▶ p(x_n|y_{1:n-1})   y_{1:n} ≡ {y_1,…,y_n}
              │                    ▼  フィルタリング
           k  │          p(x_n|y_{1:n}) ▶ p(x_{n+1}|y_{1:n})
              │                              p(x_{n+1}|y_{1:n+1}) …▶
              │                    平滑化                            ┆
              │  ◀… p(x_n|y_{1:N}) ◀… p(x_{n+1}|y_{1:N}) ◀… p(x_N|y_{1:N})
              ▼
```

図 1.4 予測，フィルタ，平滑化

きて，つまり今日までの株価のデータに基づいて今日の経済の状態を推定し，不確実性を分布で表す．それがフィルタ分布，$p(x_n|y_{1:n})$ である．$y_{1:n}$ の添え字が n となった点に注意してもらいたい．あるいはずっとデータを蓄積し，数年後，今日の状態を振り返って今日の経済の状態を推定したもの，これが平滑化分布 $p(x_n|y_{1:N})$，と呼ばれるものになる．ここで，添え字の N は手元にあるすべてのデータ数を示し，$N≧n$ である．もちろん，平滑化分布が状態ベクトルの推定に関して一番精度が高い．

（2） 漸化式

この三つの分布の間には便利な漸化式の存在が知られている．それを表現したものが図 1.4 である．まず手元に，昨日までのデータに基づいた昨日の状態の不確実性を表現する分布，つまり昨日のフィルタ分布 $p(x_{n-1}|y_{1:n-1})$ があるものとする．このフィルタ分布が与えられると，予測（prediction．図 1.4 では→で示される）の操作によって，今日の予測分布 $p(x_n|y_{1:n-1})$ が計算できる．それを式

で書けば

$$\text{予測}: p(x_n|y_{1:n-1}) = \int p(x_n|x_{n-1}) \cdot p(x_{n-1}|y_{1:n-1}) dx_{n-1}$$

となる．$p(x_n|x_{n-1})$ は，一般状態空間モデルのシステムモデルに相当する．

今日の予測分布が得られると，今日のデータ y_n が入ってきて，ベイズの定理を使ってフィルタリングの計算（filtering．図中では↓で示される）を行い，今日のフィルタ分布 $p(x_n|y_{1:n})$ が得られる．式で書けば，

$$\text{フィルタリング}: p(x_n|y_{1:n}) = \frac{p(y_n|x_n) \cdot p(x_n|y_{1:n-1})}{\int p(y_n|x_n) \cdot p(x_n|y_{1:n-1}) dx_n} \tag{1.1}$$

となる．ここではベイズの定理を使っており，$p(y_n|x_n)$ は一般状態空間モデルの観測モデルになる．また，予測とフィルタリングを組み合わせると，次章で出てくる逐次ベイズの公式(2.1)が導びかれる．この操作を最後のデータまで繰り返せば，すべてのデータ $y_{1:N}$ に基づいた最後の時点の状態ベクトルのフィルタ分布 $p(x_N|y_{1:N})$ が得られる．ここで，状態ベクトルの添え字が N であることに注意してほしい．

今度はこれを逆向きに，平滑化アルゴリズム（smoothing．図1.4中では←で示される）という操作によって逐次的に状態を推定していく．具体的に言えば，$p(x_N|y_{1:N})$ から平滑化アルゴリズムにより $p(x_{N-1}|y_{1:N})$ を求め，次に $p(x_{N-1}|y_{1:N})$ から $p(x_{N-2}|y_{1:N})$ を求め…，というように順次計算していく．式で表すと次のようになる．

$$p(x_n|y_{1:N}) = p(x_n|y_{1:n}) \cdot \int \frac{p(x_{n+1}|x_n) \cdot p(x_{n+1}|y_{1:N})}{p(x_{n+1}|y_{1:n})} dx_{n+1}$$

このように予測，フィルタリング，そして平滑化アルゴリズムの三つの操作で，いわば"情報のバケツリレー"をしていけば，状態ベクトルのあらゆる条件付分布 $p(x_j|y_{1:k})$ が理論的には厳密に求められる．j と k は1から N の間の任意の整数である．ここで，いずれの式においても状態ベクトルの次元の積分が必要であることに注意してもらいたい．

逐次データ同化手法の基本的枠組みはこれと同じで，予測の操作がシミュレー

ションになっているだけである．まず昨日の状態に基づいてシミュレーションを行う．シミュレーションの結果，今日の予測分布が手に入る．次に今日のデータが入ってくるので，この予測分布に基づいてフィルタリングの操作により，今日の状態を推定し直す．これを逐次的に，図 1.4 の右下へ向けてに更新していく作業が逐次データ同化手法の大まかな流れである．

　少し脇道にそれるが，観測モデルの観測時間の幅とシミュレーションの時間更新作業を行う離散時間幅がまったく異なっていても構わないことを注意しておく．シミュレーションは通常その計算精度を高めるために，非常に細かい離散時間幅で計算（時間積分）を行う．一方，観測の頻度は時々であり，例えば 1 日に 1 回，あるいは 10 日 1 回という時間スケールで観測が得られる．したがって，観測データが存在するときに限りフィルタリングを実行すればよい．

（3）　変分型（非逐次）データ同化手法：アジョイント法

　ちなみに 4 次元変分法は，$\log p(x_{1:N}|y_{1:N})$ を最大にする解である ($x^*_{1:N}$) を探索する最適化問題の一解法として定式化できる．つまり 4 次元変分法は，確率分布を推測するような統計的推測問題ではなく，最適化問題であることに留意すべきである．ここで，状態ベクトルの添え字が $1:N$ になっていることに注意してほしい．$x^*_{1:N}$ を求めるには，$\log p(x_{1:N}|y_{1:N})$ を $x_{1:N}$ で微分して，その微分値を 0 とする $x_{1:N}$ を探せばよい．

$$\left[\frac{\partial}{\partial x_{1:N}}\log p(x_{1:N}|y_{1:N})\right]_{x_{1:N}=x^*_{1:N}}=0$$

$x^*_{1:N}$ は解析的に求まらないので，降下法を用いて数値的かつ逐次的に求める．これが 4 次元変分法の数値的解法の形式である．降下法を適用するには，その微分値の計算が必要となる．その微分値の計算を効率よく行うために高速自動微分法を用いるのがアジョイント法である．高速自動微分法を用いるためには，後ろ向きにシミュレーションを走らせるように，もともとのシミュレーションコードに手を入れる必要がある．プログラムの生成を自動化できる部分もある程度はあるが，実際のところ，人手で一つ一つチェックしていかねばならない．これがデ

ータ同化にアジョイント法を採用する際の最大の障害である．

1.4 分布の表現

理論的には，図 1.4 で説明したように計算を実行すればいいのであるが，実際にコンピュータの上で実現するには，解決しなければならない重大な問題が残っている．

1.4.1 次元の呪い

もう一度まとめると，データ同化は，一般状態空間モデルでの状態ベクトル x_n の推定に帰着される．x_n の状態変数は，シミュレーションモデル内のすべての変数になる．一方，観測ベクトル y_n の要素は，観測されるすべての変数が対応する．地球環境問題に関連したデータ同化の問題であれば，人工衛星等で得られる観測データを使うため，y_n の次元は小さい場合でも 100 からときには 10 万次元にまでのぼる．また，そこで活躍するシミュレーションモデルを考えると，状態ベクトルの次元がだいたい 1 万から 100 万次元，場合によっては 1000 万次元にもなる．まず，この超高次元の問題に対処する必要がある．また，地球科学や宇宙科学の対象に関する推定問題は，1.2.2 項で説明したように，本質的に不適切な逆問題になる場合が多い．平易に言えば，観測ベクトルの次元が状態ベクトルの次元よりも極端に小さい．この非常に難しい設定で計算の限界に挑戦していかねばならない．

1.4.2 数値的表現

一般状態空間モデルにおける状態ベクトルの統計的推測は，1.3.3 項で説明した逐次更新式を利用して，条件付分布の時間発展を追っていくことになる．状態空間モデルではすべての条件付分布がガウス分布になるので，時間発展はガウス

分布を規定する平均値ベクトルと分散共分散行列の時間発展を解いていけばよい．この処理がよく知られたカルマンフィルタおよび平滑化アルゴリズムである．もし，状態空間モデルにおいて線形性かガウス性のどちらかが崩れただけでも，すべての条件付分布 $p(x_j|y_{1:k})$ が非ガウス分布になる．したがって，条件付分布の時間発展の計算を解析的に行うことは不可能である．ではどうしたらよいのか．大別して二つ処方箋がありえる．処方箋の一つは，一般状態空間モデルそのものを最初に解析的に線形ガウス近似して，結果として手にした状態空間モデルを代わりに解くというアプローチである．しかしながらデータ同化においては，この策は採用できない．というのも，システムモデルに相当するシミュレーションモデル自体を改変することはしないからである．

もう一つの処方箋は，分布そのものを近似表現するアプローチである．一般状態空間モデルの解法においてはこちらを採用する．分布の表現，たとえば予測分布，フィルタ分布，平滑化分布の表現方法を図 1.5 に示すような 1 次元の状態ベクトルの分布 $p(x_j)$ を使って考えることとする．図の一番上のパネルで示すものが真の分布だとすると，ガウス分布で近似することが不適切であるのは明らかである．いずれにしても，真の $p(x_j)$ はあらゆる形状を示す可能性があるため，解析関数を利用した近似表現は無理である．

よって，直接的に $p(x_j)$ を数値表現する方策が適切である．例えば，実際の真の分布を中段のパネルに示したように，0 次，1 次等の低い次元のスプライン関数で表現することが考えられる．0 次のスプラインの場合は，ビンの幅 Δx_j を十分小さくしたヒストグラムで $p(x_j)$ を近似したことになる．このときには，計算機の中では各ビンの x_j と縦の値 $P_j = p(x_j)\Delta x_j$ を保持する．このやり方は，もともとの逐次更新公式を丁寧に計算機の上で計算しているので，非常に有効である．ただ，適応範囲は状態ベクトルの次元が非常に低い場合に限られてしまう．プログラミングの面倒さや計算機のメモリの限界から，その適応範囲は高々 4 次元までであろう．

より高次元の問題には，図 1.5 に示したように，$p(x_j)$ を複数個のガウス分布の線形和で表現するガウス和近似表現によるアプローチが，計算精度をある程度

1.4 分布の表現

$p(x_j | y_{1:k})$

真の分布

ガウス分布

1次スプライン

0次スプライン

ガウス和

モンテカルロ(粒子近似)

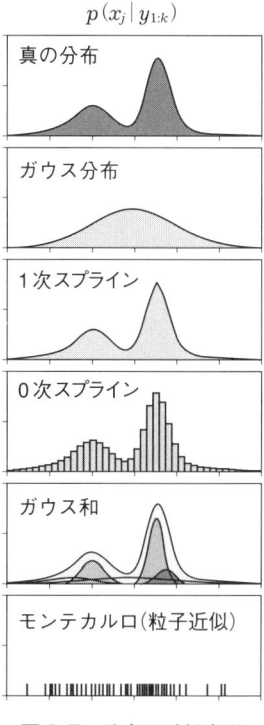

図 1.5 分布の近似表現

保証しながらも実用的で勧められる．この枠組みにおいて逐次更新公式は，各ガウス分布の線形結合係数値の更新アルゴリズムに帰着される．ただ，時間 $n=0$ で小数有限個であった係数の個数が，時間発展にともなってすぐに爆発的に増加し，合理的な個数の削減が必ず必要となるため，実際の利用は非常に煩雑になる．

1.4.3　モンテカルロ近似

超高次元の $p(x_j)$ の表現を計算機上で可能にしつつ，逐次更新公式の実現もシンプルなものがありえるのだろうか．その答えは，究極の近似，モンテカルロ近

似で達成できる．モンテカルロ近似は，実現値の集合で分布を表現するやり方である．図 1.5 の例では，実際の分布から発生したと近似できるであろう短い縦棒で示した多数の実現値で分布を近似表現するのである．この場合，この一つ一つの実現値を"粒子"と呼ぶ．したがって，予測分布 $p(x_n|y_{1:n-1})$ は $X_{n|n-1}=\{x^{(1)}_{n|n-1}, x^{(2)}_{n|n-1}, \cdots, x^{(i)}_{n|n-1}, \cdots, x^{(m)}_{n|n-1}\}$ の m 個の実現値により，またフィルタ分布 $p(x_n|y_{1:n})$ は $X_{n|n}=\{x^{(1)}_{n|n}, x^{(2)}_{n|n}, \cdots, x^{(i)}_{n|n}, \cdots, x^{(m)}_{n|n}\}$ により近似表現される．ここで $x^{(i)}_{j|k}$ の添え字において，縦バーの左側の j は時刻 j の状態ベクトルであることを示す．一方，その右側の k は，状態ベクトルの推定に利用した観測データの最後の時刻が k であることを示す．つまり，データ $y_{1:k}$ が所与のもとでの時刻 j の状態ベクトルの推定となっていることを意味する．添え字の (i) は，i 番目の粒子であることを意味する．

しばしば寄せられる質問として，どれくらいの数の粒子が計算精度の観点から適当かの問いがある．もちろん問題に依存することは明らかであるが，そもそもこの問いはナンセンスで，とにかくなるべく多くの粒子でもって分布を近似することが大切である．$p(x_j)$ が粒子近似された設定では，逐次更新公式は著しく簡単なアルゴリズムになる．これが次節で説明する粒子フィルタである．

1.5　アンサンブルベースのデータ同化技法

逐次データ同化手法では，アンサンブル（いわゆる実現値の集合）で分布を近似する．逐次データ同化手法の中では，アンサンブルカルマンフィルタが最も普通に使われている．本節では粒子フィルタとアンサンブルカルマンフィルタの説明をするが，より詳細な内容は中村他（2005）[1.2] を参照されたい．

1.5.1　粒子フィルタ

粒子フィルタは，北川所長およびイギリスの研究者がほぼ同時に，1990 年代の初頭に提案した．提案当時，北川所長はモンテカルロフィルタと，またイギリ

スの研究者らはブートストラップフィルタと各々呼んでいたが，今現在は粒子フィルタと呼ぶのが一般的である．そのコンセプトの源泉は，1960年代の統計物理の分野で数値的に統計力学量を計算するアルゴリズムとして提案されていた"逐次モンテカルロ（積分）法"に遡ることができる．しかしながら，当時の問題と1990年代に時系列解析の研究者たちが取り扱った問題は，その計算規模的にも大きく異なり，粒子フィルタは再発見されたアルゴリズムと言っても過言ではないであろう．

(1) 予測

アンサンブルカルマンフィルタも粒子フィルタも，一期先予測の操作は共通で，非常に簡単である．今，時刻 $n-1$ 時点のフィルタ分布を近似する粒子群 $X_{n-1|n-1}$ があったとする．一つ一つの粒子 $x^{(i)}_{n-1|n-1}$ に対して独立にシミュレーションを行っていく．すべての粒子に対してこの作業を繰り返すことで，時刻 n の予測分布を近似表現する粒子群 $X_{n|n-1}$ が得られる．その様子を図1.6に示した．もし，一個一個の粒子に対して実行されるシミュレーションが地球シミュレータを必要とするような大規模なものであるとすると，予測分布を求める計算に

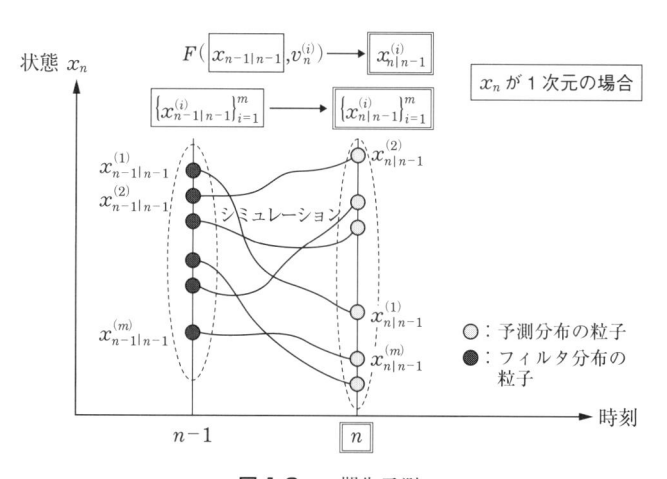

図1.6 一期先予測

は，地球シミュレータが粒子の個数分，例えば100〜100万システムぐらい必要になる．

（2） フィルタリング

シミュレーションと実際のデータの間をつなぐものが観測モデルである．$y_n = H(x_n, w_n)$ のように観測モデルを明示することと，x_n が与えられたもとでの y_n の条件付確率 $p(y_n|x_n)$ を規定することは同義である．したがって，予測の操作で得られた一つ一つの粒子 $x^{(i)}_{n|n-1}$ に対して，その粒子がどのくらい観測データに合っているのか，つまり観測モデルを通して適合度を尤度 $p(y_n|x^{(i)}_{n|n-1})$ で評価することができる．各粒子ごとの尤度の大きさの相対比を，図1.7中の"尤度"の文字の下に描画された円の半径の大きさで示した．

粒子フィルタにおいてフィルタ分布を近似する粒子群 $X_{n|n}$ の獲得は，この粒子ごとの適合度に応じて m 個の粒子をリサンプリング（復元抽出）することで達成される．この操作は，m 個に分割されたルーレット板を考えると理解しやすい．ここで，分割された (i) 番目の扇形の面積が $p(y_n|x^{(i)}_{n|n-1})$ に比例するよう設定しておく．このルーレットにボールを投げ入れ，ボールが止まったところの番号の粒子をフィルタ分布の粒子として採用することにする．ボールの投げ入

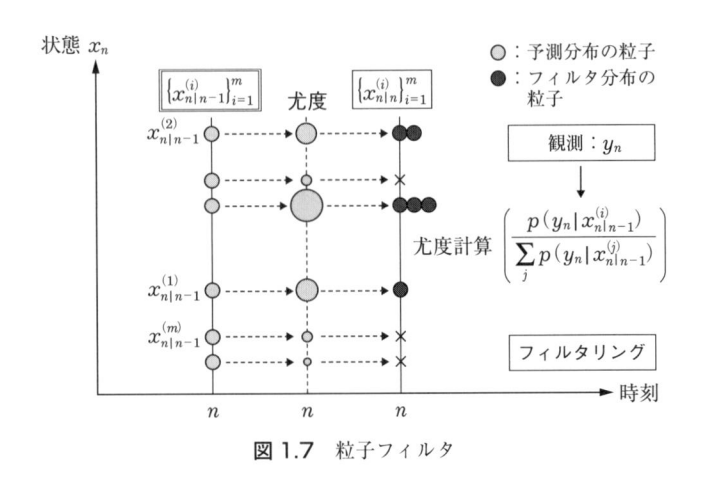

図 1.7 粒子フィルタ

れを m 回繰り返すか，あるいは m 個のボールを一度にルーレット上に満遍なく投げ込むことで，粒子群 $X_{n|n}$ が得られる．例えば図中央部の大きい円の粒子は適合度が高いので，次のステップで結果として三つぐらいに分裂して生き残るであろう．"尤度"の文字の真下あたりの粒子の適合度は平均的な値より上であるから，二つくらい生き残るかもしれない．一方，図1.7下部の粒子は適合度が著しく低いので，この場合は死んでしまうであろう．復元抽出操作は明らかに確率的であるため，ここで述べた各粒子の残存数は必ずそうなるとは言い切れないが，期待値としてはそうである．

粒子フィルタのデータ同化への応用はまだ非常に少ない．しかしながら，画像処理，動画認識，ロボット制御等の情報工学分野では非常に広く使われるようになってきた．爆発的にその適応範囲は広がりつつあると言えよう．

1.5.2　アンサンブルカルマンフィルタ

アンサンブルカルマンフィルタはその名のとおり，フィルタリングにおいて，アンサンブルメンバ（粒子）の更新作業にカルマンフィルタの公式を援用した誤差修正の仕組みを利用するものである．これは，粒子フィルタと通常のカルマンフィルタの中間的な操作である．まず予測分布を近似する粒子 $x^{(i)}_{n|n-1}$ のサンプル分散共分散行列 $V^+_{n|n-1}$ を求める．これをもとに，通常のカルマンフィルタの式を用いて，各粒子を以下のように修正する．

$$x^{(i)}_{n|n} = x^{(i)}_{n|n-1} + K^+_n(y_n + w^{(i)}_n - Hx^{(i)}_{n|n-1})$$

ここで，カルマンゲイン K^+_n は各粒子に共通である．以下がその定義である．

$$\text{カルマンゲイン}: K^+_n = V^+_{n|n-1}H'(HV^+_{n|n-1}H' + R)^{-1}$$

R はガウス分布に従う観測ノイズ w_n の分散共分散行列，$w_n^{(i)}$ は i 番目の w_n の実現値（観測ノイズの分布から発生させた乱数）である．アンサンブルカルマンフィルタの適用により，各粒子は集団の平均値に若干引き寄せられる．その様子を図1.8に模式的に示した．

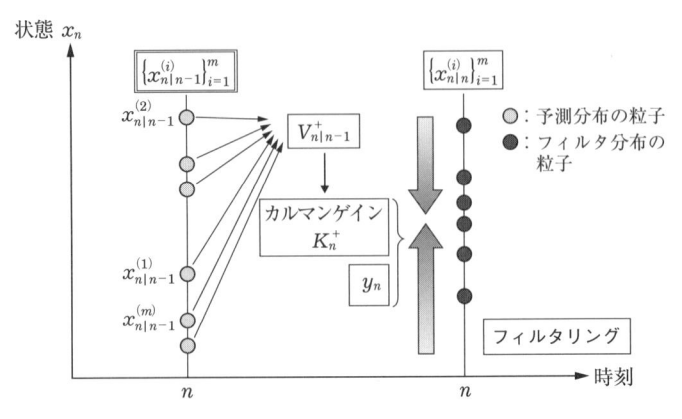

図 1.8　アンサンブルカルマンフィルタ

1.6　エルニーニョ現象への応用

1.6.1　大気と海洋の結合モデル

　実際にデータ同化手法の研究を行うには，シミュレーションモデルとデータセットの二つ，つまり具体的テーマの選定が必須である．現在，主に大気・海洋，津波，宇宙空間（リングカレント），そしてゲノム情報の四領域における新しいデータ同化実験に取り組んでいる．ここでは，エルニーニョ解析と津波データ同化の研究成果のごく一部を紹介したい．エルニーニョ現象のデータ同化研究は，上野博士を中心に，筆者と鍵本崇氏（海洋研究開発機構・地球環境フロンティア研究センター），広瀬直毅氏（九州大・応用力学研究所）らとの共同研究の成果である．詳しくは，Ueno et al.（2007）［1.3］を参照していただきたい．

　エルニーニョというのは，ペルー沖の海面の温度が高くなる現象である．それと反対の現象はラニーニャと呼ばれる現象で，これらの異常現象はほぼ4年おきに発生する．この準周期性を正確に予測することがエルニーニョ現象研究の主たる目的である．エルニーニョ現象発生の定義は，物理的にはややアドホックに感じられる点もあるが，比較的明らかである．図 1.9 の右側に示したような，ある

1.6 エルニーニョ現象への応用

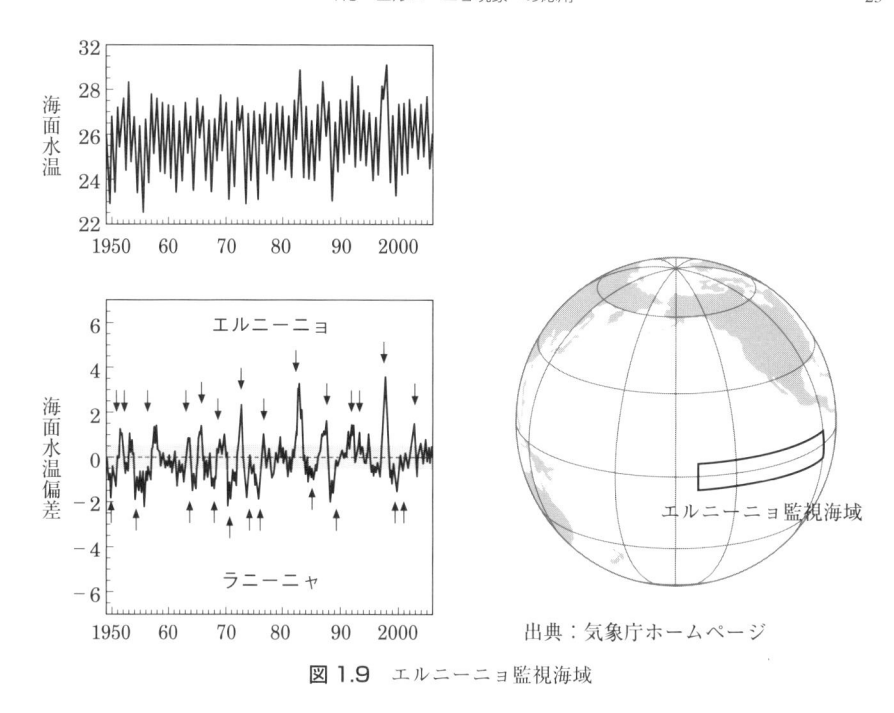

図 1.9 エルニーニョ監視海域

出典：気象庁ホームページ

区画領域内（監視海域内と呼ぶ）の平均海面水温が，平年にくらべて0.5℃以上高くなった日が6ヶ月以上続くときにエルニーニョが発生したと認められる．

　気象・海洋の分野では昔からシミュレーションによる研究が盛んであり，従って常に最先端のスーパーコンピュータ上で動く高空間解像度の高精度シミュレーションモデルが開発されて利用されてきた．したがって，大気・海洋結合モデルのデータ同化研究を行うには，気象庁等の現業で利用されている高度なシミュレーションモデルを使うのが本来かもしれない．しかしながら，1.5.1項で説明したように，一つのシミュレーションに地球シミュレータが不可欠ならば，逐次データ同化では何千システムの地球シミュレータが必要となる．本プロジェクトの主たる目的は先端的データ同化手法の開発であるから，残念ながら高度なシミュレーションモデルを利用した研究は行えない．したがってシミュレーションモデル自体は非常にシンプルなものを採用している．採用したモデルは，1987年に

Zebiak and Cane が提唱した，シンプルではあるが初めてエルニーニョらしき現象を再現できたといわれている大気・海洋結合モデル（以後 ZC モデルと表記）である．

ZC モデルは，温度，風速ベクトル，熱といった物理量間の関係式を偏微分方程式と経験則で表している．図 1.10 にその関係を模式的に示す．海面水温が上がると上昇気流が発生し，それに関連して海上風が変化する．それがまた海水温に変化をもたらし，そして，…，といった具合に，海と大気が絡み合った複雑なフィードバックシステムをごく簡単な数式で記述している．簡単といっても，その式を具体的に書くと，専門家以外にはその理解が難しい数式がずらずらと並ぶことになる．逐次データ同化の場合は，当該分野の方々がすでに構築されているシミュレーションモデルのプログラムを基本的にはほぼそのまま活用できるため，新たにデータ同化用のプログラムを書く労力はかなり低減できる．一方，アジョイント法は 1.3.3 項で説明したように，アジョイントコードとよぶ特殊なプログラムを各シミュレーションプログラムごとに人海戦術で書く必要がある．

大気変動の時間スケールというのは大体 2, 3 日であるが，海洋変動の時間スケールは 2, 3 カ月といった非常に長いものである．このようなまったく時間スケールが異なる現象をシミュレーションの計算ステップで直接結合するのは，非常に困難である．このような時間スケールが著しく異なる領域を結合させる場合，（時間と）空間に依存した物理（定数）量をバッファ的に導入することが往々にしてよくある．または，既存の知見とデータに基づいた，両領域の物理量

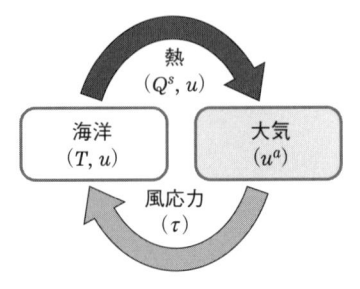

図 1.10 大気海洋結合モデル

の行き交いを可能にする橋渡し的な経験式を導入したりもする．この経験式には未知のパラメータを数多く含むことも常である．とにかく，当該分野において様々な工夫がされている．データ同化では，その工夫された部分に内在する不確実性を，システムノイズを注入したり，または初期ベクトルに分布を仮定することで表現する．そして，同化の結果から，どこが怪しいのか，あるいはどこがつじつまあわせを担っているのかということを見抜いていくのである．これもデータ同化の一つの使い方である．

1.6.2　シミュレーションモデルの診断

データ同化に利用したデータは，TOPEX/POSEIDON という人工衛星で計測された，海面で反射するマイクロ波の往復時間から求めた海面高度（SSH：Sea Surface Height）の観測値である．人工衛星の軌道システムにより，ほぼ10日に一回（これを1サイクルと呼ぶ）の頻度で全球のSSHが計測される．空間解像度は，緯度・経度に対し各1度である．従って，観測ベクトルの次元は約2,000弱となり，さらに解析期間は1992年〜2002年（364サイクル）であるため，データ量自体も膨大となる．結果として，状態ベクトルは約5万5千次元になる．

図1.11 示す結果は，膨大な状態変数の中で観測値が実際にある SSH の状態推定である．グラフに示したのは SSH だけだが，膨大な数の状態変数の推定が実際には背後で行われている．どのパネルにおいても縦軸が時間軸で，1992年から2002年までの各サイクル時の赤道でのSSHの値を下から上へ示してある．横軸は経度に対応し，一番左端がデータを示す．一方右端は，エルニーニョ現象の準周期性を比較的表現できるよう，注意深く選択した初期値と境界条件値及び諸々のパラメータ値に基づいて行ったシミュレーションの計算結果である．つまり，データ同化を適用していない通常のシミュレーション結果である．

右から2番目のパネルはSSHのフィルタ分布の平均値を，また左から2番目のパネルがSSHの平滑化分布の平均値を表す．同化手法はアンサンブルカルマ

| データ | 平滑化 | フィルタ | シミュレーション |

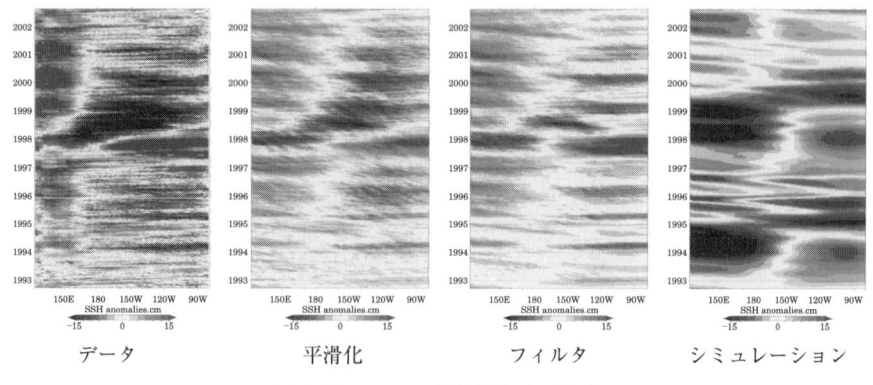

図 1.11 SSH の状態推定（口絵 1）

ンフィルタである．同化計算には統計数理研究所のスーパーコンピュータを利用した．その計算時間は，フィルタ分布の計算には 36 時間，また平滑化にはなんと 12 日間もかかってしまった．

　図 1.11 を一瞥して，シミュレーションよりもデータ同化の結果のほうが著しくデータに合っていることがわかる．データ同化の作業は，状態変数をデータに合うようにいろいろとつじつま合わせを行うので，この結果に驚いてはいけない．また，平滑化分布がデータに最も合うこと自体は当たり前である．というのも，状態推定の上で最もデータ（情報）量が多いからである．データ同化の適用結果を解釈する際に大切なことは，シミュレーションモデルとデータとの適合度だけを見るのでなく，データに合わせることによってどの状態変数がつじつま合わせを担っているのか，どこが非常にノイズに敏感なのかといった視点で結果を吟味することである．この同化実験にも，多様なタイプの不確実性をシミュレーションモデル内に持ち込んでいる．このようにデータ同化は，いわばシミュレーションモデルの診断を可能にする．

1.7　津波データ同化

1.7.1　海底地形データの不確実性

　本節ではもう一つのデータ同化の応用例である，津波データ同化を紹介する．この研究の成果は，中村君を中心に筆者と広瀬直毅氏（九州大・応用力学研究所）の共同研究によるものである．詳細はNakamura *et al.* (2006) [1.4] を参照されたい．

　データ同化では，シミュレーションモデルと実際のデータが必ずセットになる．ここでは，浅い水の表面にできる波を記述する方程式系である浅水波方程式を用いた津波伝搬のシミュレーションモデルを利用する．ここで"浅い"とは，波の波長に比べての意味である．2004年に発生したインドネシア・スマトラ沖地震による津波で広く周知されたように，浅水波方程式で記述される津波の基本的な伝搬特性は水深が深いほど伝播速度が速いことである．対象海域は日本海，解析した津波は日本海中部地震津波（1983）と北海道南西沖地震津波（1993）である．北海道南西沖地震は被害が奥尻島に集中していたことから，奥尻地震，奥尻島地震，または奥尻島沖地震と呼ばれることもある．その甚大な被害の映像はまだ多くの人の記憶に新しい．データとしては，験潮所での潮位計による津波に関係した潮位データを用いた．

　浅水波方程式を計算機で解くためには，まず興味ある対象海域を格子化し，各格子点で必要な物理量を定義してシミュレーションの計算を実行する．ここで問題になるのは各格子点での水深，つまり海底地形である．というのも，海底の深さが正確にわかれば，津波の到達時間は浅水波方程式により比較的高い時間精度で求まる．ところがこの海底地形に関しては，実はそれほど高精密のデータベースがあるわけではない．手に入る主な海底の深さに関するデータベースとしては，次の四つがあげられる．

　　JTOPO1：日本水路協会　海洋情報研究センター（MIRC）

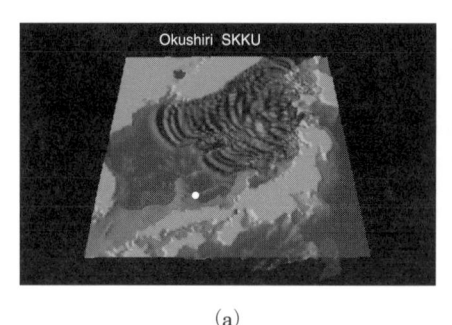

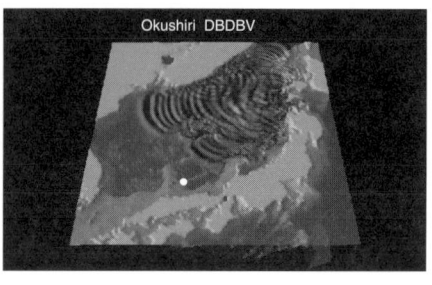

図 1.12 日本海を伝搬する津波のシミュレーション（口絵 2）

DBDB-V：米国海軍海洋学局（NAVOCEANO）
ETOPO 2：米国地球物理データセンター（NGDC）
SKKU：韓国成均館大学

図 1.12 に示したのは，北海道南西沖地震による日本海を伝搬する津波のシミュレーション結果のスナップショットである．（a）は SKKU の海底地形データベース，（b）は DBDB-V の海底地形データベースにもとづいてシミュレーションを行った結果である．日本海の平均水深は約 1,700 m，最も深い地点で 3,700 m 程度であり，中央に大和堆と呼ばれる水深約 400 m の浅い部分があるのが特徴的である．ここにはイカ釣船がいっぱい集まっているので，人工衛星によって撮像された夜の日本海可視光センサ画像には，大和堆の位置がはっきりと視認できる．ここの部分の水深の値については，四つのデータベース間で，それらの平均値に対して約 5% にものぼるかなりの差異が存在する．また日本海においては，政治的な理由により精密な海域情報が取得しにくい海域があるのも容易に推察される．

1.7.2　シミュレーションを併用した逆問題解法

図 1.12 を一見しても，どこがどう違うのかすぐには識別できない．しかしな

1.7 津波データ同化

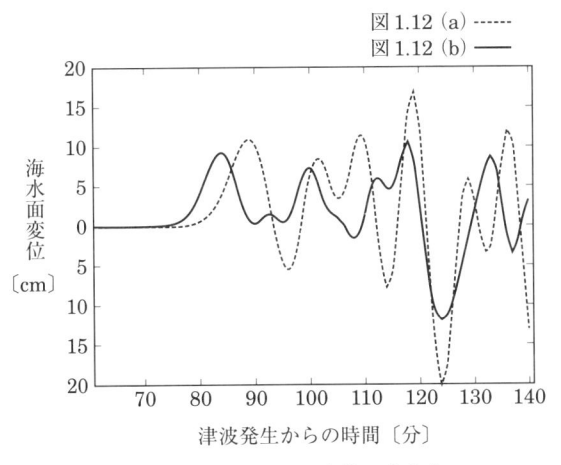

図 1.13 予想される潮位の時系列

　がら，例えばある地点に注目して両シミュレーションによって計算されたその地点の潮位をグラフに書いてみると，まったく違った様相が見えてくる．図 1.13 の 2 本の線は，図 1.12 中の○印で示してある鳥取沖の地点における，各海底地形データベースをもとに計算した予想される潮位の時系列である．図からわかるように，数回観測される（何回観測されるかは地震の種類や震源と陸の位置関係により一様でない）津波の到達時間や，あるいはそのときの波高がかなり異なっている．つまり，海底地形情報の不確実性が，津波を介して潮位計データに表出してくるのである．これを逆手にとれば，潮位計データから海底の深さを推定することが期待できる．これは，地震波を複数の観測点で観測し，地震波動データから地殻の内部構造を推定する逆問題解法と推論メカニズムは同じで，同じ理屈は医療用 CT（Computed Tomography）にも見ることができる．本プロジェクトでは潮位計データを使って，シミュレーションモデル内にある様々な情報の不確実性を，シミュレーションモデルと観測モデルを使って吟味するのである．言い換えれば，シミュレーションモデルを併用した逆問題解法がデータ同化ともいえよう．

　どのデータベースが信頼できるのか，少なくとも実際の潮位計データをうまく

説明できるのはどのデータベースなのかを，データ同化を用いて探ってみる．具体的には，シミュレーションモデル内の海底地形を四つの海底地形データベース値の線形結合で表し，データ同化を用いてその結合係数の推定を行う．このデータ同化研究により，1.7.1 項で言及した大和堆付近について興味深いことがわかってきた．四つの海底地形データベースの平均よりも，実際の水深はもう少し浅いことが示唆されたのである．これは，日本海の体積はこれまで考えられていたよりも少し小さいのではないか，ということを意味する．日本海はかなり閉ざされた海域なので，その部分の体積は近傍の日本の気象に大きな影響を与える．したがって，日本海の体積を正確に見積もることは比較的重要な問題である．今のところ，得られた結果はまだ単なる示唆であって，まだまだ傍証の積み上げ及び直接観測による確認が必要である．しかしながら新たに計測をしなくとも，データ同化を用いて手元のデータと知識を融合し活用することができれば，科学的新発見も夢ではないことはぜひ理解してもらいたい．

1.8　未来デザインの道具へ

　最後に，データ同化研究における本プロジェクトのねらいをまとめてみたい．
　データ同化は，一般状態空間モデルの枠組みで統計モデルとして定義できるため，尤度の視点でシミュレーションとデータの系統的な照合が可能である．一般状態空間モデルといった統計モデルを導入することによって，シミュレーションモデルの評価法にも統一的な視点が生まれてきた．もちろん尤度による評価がすべてだとはいわないが，統計モデルの利用により統一的な評価ができるようになったことは利点である．
　シミュレーション計算の結果を世に問う場合，従来は既存の知見やデータに適合するように，良い初期値や境界条件を試行錯誤で探索していた．しかしながら，統一的な評価の視点が生まれたことにより，予測精度の高いシミュレーションモデルを試行錯誤で探していた作業を自動化できるようになった．また，この自動的なプロセスを積極的に利用することで，従来のシミュレーションモデルを

超えた予測能力を保持する，まったく新しいシミュレーションモデルを生み出せる可能性が出てきた．いろいろな異なる特性をもった複数のシミュレーションモデルを尤度の視点でデータ適合的に結合，または切り替えを行い，新しいシミュレーションモデルを生み出すのである．これは，複数のシミュレーションモデルを同時に扱うモデル，いわばメタシミュレーションモデルの開発ともいえよう．

さらに，経済効率性も考えながら，どのような時点，位置に観測点を設置したら推定精度が上がるのかについても，データ同化を用いて十分に検討することができる．つまりデータ同化は，計測デザインの鍵となるプラットフォームになりえるのである．

未来デザインにデータ同化は必須の道具となるであろう．

参考文献

[1.1]　北川源四郎『時系列解析入門』岩波書店，2005
[1.2]　中村和幸，上野玄太，樋口知之「データ同化：その概念と計算アルゴリズム」統計数理，Vol. 53, No. 2, pp. 9211-229, 2005
[1.3]　G. Ueno, T. Higuchi, T. Kagimoto and N. Hirose, "Application of the ensemble Kalman filter and smoother to a coupled atmosphere-ocean model", Scientific Online Letters on the Atmosphere, Vol. 3, pp. 5-8, 2007
[1.4]　K. Nakamura, T. Higuchi and N. Hirose, "Sequential Data Assimilation: Information Fusion of a Numerical Simulation and Large Scale Observation Data", Journal of Universal Computer Science, Vol. 12, pp. 608-626, 2006

第2章

石井信

確率モデルによるヒューマンモデリングとその応用

本章では，人間あるいは人間らしく動作する機械に対するモデリングとその応用に関する研究を三つ紹介する．これらの研究では直接観測できない変数（隠れ変数）を仮定しているが，オンライン処理を目的として，隠れ変数の推定には逐次ベイズ推定を用いる．

2.1　逐次ベイズ推定とは

次の式(2.1)は，逐次ベイズ推定の基本式である．

$$P(z_t|x_{1:t}) \propto P(x_t|z_t) \sum_{z_{t-1}} P(z_t|z_{t-1}) P(z_{t-1}|x_{1:t-1}) \tag{2.1}$$

ここでは，書店の店員がある顧客の嗜好を予想することで本の推奨を行う状況を想定し，これを例にしてこの基本式を説明する．

$$P(z_t|x_{1:t}) \propto P(x_t|z_t) \sum_{z_{t-1}} P(z_t|z_{t-1}) \underline{P(z_{t-1}|x_{1:t-1})}$$
前回の事後分布

彼は今までマニアックな文学作品ばかり購入している．
どうやら文学少年らしいな．

図 2.1　逐次ベイズ推定①（ある書店員の場合）

$$P(z_t|x_{1:t}) \propto P(x_t|z_t)\sum_{z_{t-1}} \underline{P(z_t|z_{t-1})} P(z_{t-1}|x_{1:t-1})$$
隠れ変数のダイナミクス

たいていの人は，以前に買ったものと似たようなものを買うらしい．今度も彼は文学作品を買うのではなかろうか？

図 2.2 逐次ベイズ推定②（ある書店員の場合）

$$P(z_t|x_{1:t}) \propto \underline{P(x_t|z_t)}\sum_{z_{t-1}} P(z_t|z_{t-1}) P(z_{t-1}|x_{1:t-1})$$
尤度（観測）

おっと！意外にも彼がマンガを買ったぞ！「モ○○ター」？流行のマンガじゃないか！

図 2.3 逐次ベイズ推定③（ある書店員の場合）

観測変数 x_t は，ある時刻 t においてある顧客が購入した本の特徴に関する情報を表現し，隠れ変数 z_t は，時刻 t におけるこの顧客の嗜好の特徴を表現するものとする．後者（隠れ変数 z_t）は店員にとって直接観測できないため，観測変数 x_t を手がかりにしてこれを推定する．時刻 t においては，店員は前回までの嗜好の推定を知識として保持している（右辺第 3 項，$x_{1:t-1}$ は $\{x_1, \cdots, x_{t-1}\}$ の簡略表記である）．この知識は，例えばこれまでにその顧客が文学作品を多く購入しているという観測に基づき，文学を嗜好していることを予想するものである

$$\underbrace{P(z_t|x_{1:t})}_{\text{新しい事後分布}} \propto P(x_t|z_t) \sum_{z_{t-1}} P(z_t|z_{t-1}) P(z_{t-1}|x_{1:t-1})$$

なるほど，どうやら彼は少しミーハーな一面もあるらしい．今度は流行のマンガや音楽関係の本も勧めてみるか．

学習完了！

図 2.4 逐次ベイズ推定④（ある書店員の場合）

（図 2.1）．店員は環境のモデル（隠れ状態の遷移のモデル）を持っているものとする．それによると，通常は顧客の嗜好は大きく変化しない．すなわち，嗜好は時刻 $t-1$ から時刻 t までの間で緩やかに変化する（右辺第 2 項）．

この二つにより，時刻 t におけるこの顧客の嗜好に対する事前知識（事前分布）が構成される．すなわち，時刻 $t-1$ までの購入歴（観測履歴）によれば，時刻 t においてこの顧客は文学に対する嗜好が強いであろうと推測される（右辺の和の部分）（図 2.2）．実際には，時刻 t においてこの顧客はマンガを買ってしまったとする（図 2.3）．この観測に伴う新しい知識を尤度と呼ぶ（右辺第 1 項）．ベイズ推定に基づいて，時刻 t における嗜好の事前分布に観測による尤度をかけることで，嗜好の事後知識（事後分布）を求めることができる（左辺）．ここで事後知識とは，「この顧客の嗜好は主に文学であるが，マンガもたまには読むような嗜好を持つ」というものである．嗜好の新しい推定により，店員はこの顧客に文学作品のみならずマンガも勧めてみようかとなるのである（図 2.4）．このとき，左辺は時刻 t における嗜好の事後分布，右辺第 3 項は時刻 $t-1$ における事後分布であるため，式 (2.1) は再帰的な事後分布の計算式になっており，時間とともに与えられる観測値 x_t（尤度として表現されている）を統合（同化）している様子がわかる．これが逐次ベイズ推定である．

このように逐次的に与えられる観測に基づいて推定を行い，なおかつそれに基づく予測を行うことは，多くの知的な情報処理システム，例えば個別推奨システムなどの基礎になりえるが，一方で人間の情報処理様式の基礎にもなっていると思われるため，人間あるいは人間的な機械をモデル化し，その情報処理を逐次ベイズ推定にしたがって実行することは自然な考え方である．

逐次ベイズ推定（ベイズフィルタ）によれば，逐次的に与えられる観測に基づいて隠れ変数を推定することができる．では，逐次ベイズ推定は人間，すなわち脳においても実際に行われている計算方式なのであろうか？　また，逐次ベイズ推定は，人間が実世界で出会うような実問題を実環境において解くためにも有効なのであろうか？　これらが本章におけるトピックであり，前者は主に理学的興味，後者は主に工学的興味に基づくものである．この両者の仮説がいずれも正しいなら，ベイズ推定が理学と工学とを結びつけつつ，知的システムの有り様に迫る方法論であることが示されることになる．

2.2　脳における信念形成機構の解明

本節のトピックは，逐次的に与えられる観測に基づいて隠れ変数の推定を行う脳の情報処理機構に迫ろうとするものである．

ここでの課題は，部分観測迷路課題（図 2.5）と呼んでいるものである．ディスプレイ上に示された3次元のワイヤーフレーム画像に基づいて，被験者は現在自分が迷路上のどこにいるのかを推定し，その推定に基づいて最適な行動を選択するというタスクが課せられている．被験者は，実験の前日に迷路の自由探索課題を行っており，迷路の構造について熟知している．なお，迷路は一種類しかない．実験時には最初に2次元の迷路上に被験者が目指すべきゴールの場所が示され，次いで被験者が置かれた迷路上の初期位置に対応するワイヤーフレーム画像が示される．このワイヤーフレーム画像は被験者の現在位置，その両隣，前方向3マス分の計6マス分について，それらが壁であるか回廊であるかを示すものである．迷路上のそれ以外の場所の情報は与えられないため，この問題は部分観測

2.2 脳における信念形成機構の解明

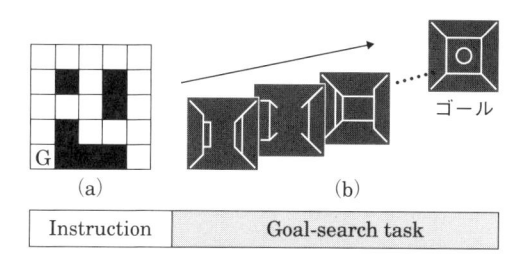

(a) / (b) ゴール

Instruction | Goal-search task

最初に2次元迷路上でゴールの場所が示され (a)，その後で，未知である初期位置からゴールを目指すタスクを行う．ある時点での観測 (b) は，現在位置，その両隣，前方向3マス分の計6マス分について，それらが壁であるか回廊であるかを示す．

図 2.5 部分観測迷路課題

問題である．ここで「位置」とは，被験者の迷路上の場所と向いている方角の両方を表している．被験者は迷路を熟知しているので，このワイヤーフレーム画像から自らの初期位置を特定できれば，ただちにゴールへの最短経路を進むことができる．しかし，最初に観測されるワイヤーフレーム画像に対応する迷路上の位置として，複数個所の可能性があるように設定されているため，あいまい性が存在し，被験者は自ら取った行動に伴う観測の履歴に基づき，自分の位置についてのあいまい性を解消（位置を推定）しながら，それに基づく最適な意思決定を行う必要がある．

ワイヤーフレーム画像を観測，迷路上の位置を隠れ変数と見なせば，被験者にとってこの課題は観測に基づく隠れ変数の推定問題であり，逐次的に得られる観測から逐次ベイズ推定を行う過程として，被験者の推定過程をモデル化することができる．しかし，被験者自身の推定過程がモデル化できたとしても，そのモデルの正確な同定は容易ではない．なぜなら，実験者（被験者に実験を課している研究者，ここでは筆者）にとって被験者の真の位置はわかる（被験者にはわからない）が，被験者が今どこにいると思っているのか，すなわち位置の推定に関する被験者の心的表象を直接知ることはできないからである．そこで，被験者の推定と行動選択の両者についてまとめてモデル化を行い，このモデル全体を実際の

被験者行動に基づいて同定することで，間接的に被験者の推定過程を同定するというテクニックを用いる．具体的には，被験者は上述のように，自分自身の観測に基づいて，自分の迷路上の位置を隠れ変数として逐次ベイズ推定しているものとする．また，その推定位置からゴールへの最短経路を進むことを最適行動と定義した場合，被験者の行動は準最適であることを仮定した．ここで準最適とは，高い確率で最適行動をとりつつも，一定の確率で非最適なランダム行動を取りえるというものである．この二つの過程をまとめて，離散時系列に対してしばしば用いられる隠れマルコフモデル（hidden Markov model, HMM）によりモデル化を行った．このモデル化および同定により，被験者の行動履歴に基づいて，被験者の心的表象としての推定位置を実験者が確率的に推定できる．ここで，行動の準最適性を仮定しているため，行動の最適性を手がかりにして被験者による位置推定を推定すること（紛らわしい表現であるが，第一の「推定」は被験者，第二の「推定」は実験者による）が可能となっている点に注意したい．

　しかし被験者は，これまでの観測をすべて記憶した上で，迷路上のすべての位置について観測履歴との照合に基づいて可能性を評価するという「完全」情報処理はできない．この迷路課題は，被験者による完全情報処理を仮定すると，迷路上のどこからスタートしても4ステップ以内に位置が特定できるように設計されている．しかし，実際には被験者はしばしば5ステップ以降も自らの位置を特定できずに，迷いながらゴールする様相を示す．すなわち，実際の被験者の情報処理は不完全である．被験者の行動を詳細に観察し，さらに被験者の内観をインタビューすることにより，この不完全さが迷路上での現在位置のすべての可能性について同時に観測履歴と照合することができないためであることがわかった．実験上，2秒以内という素早い反応を要求されているため，被験者は自分の位置の可能性に関して一つ程度しか評価することができず，その代わりに一点で行った位置推定の確信度に強弱をつけて評価するモデルにより，被験者行動がよく説明できることがわかった．このモデルによれば，被験者は，自分が仮説的な位置として所持している想定位置が実際の観測（ワイヤーフレーム画像）との照合により矛盾していることがわかった場合，記憶している観測履歴に基づき，他の可能

性を探る．この位置推定に関する付加的な情報処理をバックトラックと呼ぶこととした．また，隠れマルコフモデルには2種のパラメータ，すなわち準最適行動選択におけるランダムさの程度とバックトラック時に用いる過去の観測履歴の量とがあるが，これらは被験者行動に最も合致するように最尤推定法により求められた．

こうして，被験者の位置推定およびそれに基づく行動選択過程のモデル化および同定ができたが，そのモデル自体の正当性については客観的評価を行う必要がある．このモデルにより，被験者が脳内に表象している自分の推定位置に基づいて最適な行動を取ると仮定することで（これはモデルの評価のためであり，モデル化の際には準最適を仮定していたことに注意），実際の被験者行動の約89%を説明できることがわかった．また，被験者の反応時間はゴールを目指したタスクの進行にしたがって増加したり減少したりというジグザグ状のプロファイルを示すが，その増加（一過的に被験者の認知負荷が高くなっていることを示唆している）のタイミングは，隠れマルコフモデルにより，被験者がバックトラックを行ったと高い確率で推定されたタイミングと良く一致していることがわかった．また，ジグザグ状のプロファイルを水平にならすと反応時間は緩やかに減少する．このことは，タスクの進行にしたがって，すなわちゴールに近付くにしたがって被験者の認知負荷が減っていることを示唆するが，多くの被験者においてこの反応時間の緩やかな減少は，下で述べる事後分布エントロピーと相関していることがわかった．したがって，被験者の行動履歴のみから同定した隠れマルコフモデルにより，モデルの同定に用いていない反応時間の複雑なプロファイルを良く説明できることがわかり，これはアプローチ全体の妥当性を示すものであると言える．

上記のモデルに基づいて，被験者の認知負荷を反映する，2種の量を計算した．一つは，被験者自身が感じている現在の位置推定についてのあいまいさに対応するものであり，被験者が自分の位置について逐次ベイズ推定を行っているとの仮定の下で，位置（被験者にとって隠れ変数）の事後分布のエントロピー（Shannonのエントロピー，情報量とも呼ばれる）として求めた．これは，大雑

把には被験者が想定し得る位置候補の数の対数に対応するものであり，候補数の増加に応じてそれらを操作あるいは新たな想定位置とする際に必要な認知負荷の量が増加することを評価している．もう一つはバックトラック確率である．エントロピーがあいまいな位置の可能性を評価するための負荷量を表現しているのに対して，バックトラック確率は，現在の想定位置が観測との照合により矛盾していることがわかった時点で，想定位置の再推定を行うために付加的に発生する負荷の量を評価するものである．

部分観測迷路課題を遂行中の被験者について，機能的核磁気共鳴画像法（functional Magnetic Resonance Imaging：fMRI）による脳活動を同時計測し，上述のように計算した2種の量と相関する脳の部位を抽出した．被験者は，男性11名，女性2名の計13名の大学院生であり，平均以上の知能があることを仮定している．その結果，バックトラック確率と高い相関を示したのは，内側前頭前野（medial PreFrontal Cortex：mPFC）であった．この部位に関しては自己のモニタリングに関わるという知見がある [2.1]．バックトラックはすなわち，記憶に基づく自己位置の再認識に関わるとみなせるため，本研究の結果は従来の知見と矛盾しない．また，事後分布エントロピーと相関するのは前部前頭前野（anterior prefrontal cortex, APFC）のみであった（図2.6）．事後分布は隠れ変数の

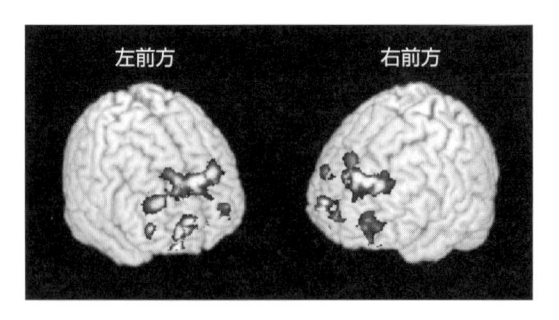

この部位は前部前頭前野（anterior prefrontal cotex）と呼ばれる部位（ブローカの10野および9野）であり，ヒトにおいて顕著に発達しているため，ヒト固有の情報処理に関わると考えられている．

図 2.6 信念エントロピーと相関する脳部位（口絵3）

推定に対応するが，ベイズ統計ではしばしば「信念 (belief)」と呼ばれる．これまでの観測を統合するものとして，見えざるものに関する知識を表現している様が信念であり，事後分布を信念と呼ぶことは意味的に自然であると考えている．本研究により，前部前頭前野が信念の形成に関わることが示唆された．前部前頭前野はヒトにおいて顕著に発達した脳部位であり，ヒト固有の情報処理に関わるのではないかと予想されているが，その機能の詳細はこれまでほとんど未知であった．したがって，信念の形成という人間ならではの高次な処理に関わるという本研究の結果 [2.2] は，神経科学的にも心理学的にも興味深い．

2.3 モデル同定強化学習によるマルチエージェントゲームの学習

　ヒトを他の動物と分ける特徴の一つは，その高いコミュニケーション能力にある．特に人と会話する際には，相手にこう話しかけるとどのように反応するだろうか，どのように考えるだろうかなど，相手の予測を行っており，これは極めて重要な能力である．さらに，コミュニケーションの相手には内部状態，すなわち今日の体調や機嫌の良し悪しなどがあり，こうした内部状態（隠れ変数）の推定も良好なコミュニケーションの成立には不可欠であろう．特に後者について，逐次的に得られる観測に基づいて相手の内部状態を推定することは，逐次ベイズ推定の問題とみなすことができる．そこで，逐次ベイズ推定に基づく内部状態推定機構を組み込んだ知的エージェントに，人間さながらのパフォーマンスを示させる研究 [2.3, 2.4] を行ったので，以下に紹介する．

　ここでは，コミュニケーションの成立過程をモデル化するために，マルチエージェント環境，具体的には 4 人で行うトランプゲームである「ハーツ (Hearts)」を題材とした．トランプゲームを上手にプレイすることは，相手との良いコミュニケーションを確立することに似ており，人間に特徴的な予測推定能力が求められている実問題である．このゲームでは 52 枚のカードを用い，特にゲームの初期においては自分の 13 枚の手札を除いた 39 枚のほとんどのカード

は観測できないため，上手にプレイするためには相手の手札，すなわち相手の内部状態を推定する必要がある．相手プレーヤの手札に関する情報は，相手プレーヤの行動のモデルがある程度わかれば，行動履歴にしたがって推定することが可能である．本来は，逐次的に得られる観測（相手の行動を含む）に基づいて内部状態を逐次ベイズ推定により推定することが望ましいが，ハーツの状態空間は莫大であるため，現実的には高性能コンピュータの計算能力をもってしても完全な計算は難しい．したがって，近似的に逐次ベイズ推定を行うことで人間のように学習し，人間のように振舞うコンピュータエージェントができないであろうか，というのが本節のトピックである．

ここで，ハーツのゲームの概略を説明する．ハーツにはペナルティカードがあり，スペードのクイーンは13ペナルティ（black ladyと呼ばれる），13枚のハートカードは各々1ペナルティである．このペナルティを押しつけ合うのがハーツの目的である．最初に4人のプレーヤに対して，カードを13枚ずつランダムに配り，ゲームが始まる．最初にクラブの2を持っているプレーヤはそれを出す必要があり，それから残りのプレーヤは時計回りにカードを一枚ずつ出していく．この際，クラブを持っているプレーヤはクラブを出す必要がある．こうして一順することを「トリック」と呼び，1トリック内では最初のカードと同じスーツ（この場合はクラブ）のカードの中で数字の一番大きなカードを出したプレーヤがそのトリックの勝者となり，トリック内で出されたカードを全部もらうものとして自分の脇に置く．この例の場合，仮にクラブを持っていないプレーヤがいれば，何を出しても良く，たとえばハートのカードを出すことができる．ハートのカードはペナルティカードであるので，そのトリックの勝者はペナルティを貰ってしまうため，勝者になるのは得策ではないであろう．このようにして13トリックを行い，最終的にペナルティポイントの和が少ないほど，そのゲームにおいて優勢であることになる．このゲームで重要なのは，大きなペナルティポイントであるスペードのクイーン，あるいはペナルティポイントを誰が貰うのかに関わるスペードのキングやエース，あるいはハートの大きなカードを誰が持っているのかを推測することである．

また，このゲームを多数回繰り返す状況では，各プレーヤのカードの出し方についての癖（戦略，あるいは行動モデル）が推定できる．戦略が推定できれば，その推定結果と各プレーヤの実際の行動とを照らし合わせることで，カードの所在に関する手がかりが得られる．カードの所在がある程度わかれば，それに基づいて，自分の出すことのできるカードに対して将来何が起こるかを先読みすることができ，その先読みに基づいた上手なプレイが可能となる．すなわちこのカードゲームの上手な遊び方，あるいはこの環境における上手なコミュニケーションが学習できることになる．実際には，各プレーヤの行動は直接観測できるものであり，またゲームが決定論的であるので，そのプレーヤがどういう状況でその行動を行ったのかはゲーム終了後にその時点までゲームを遡ることで再構成することができる．このことから，各プレーヤの行動モデルはゲームを重ねるごとに学習することができる．この学習にあたっては，確率的ニューラルネットワーク（階層型ニューラルネットワークにsoft-max関数を組み合わせて確率出力を行うようにしたもの）を用いた．

　各プレーヤの行動を確率モデルにより評価（あるいは予測）することは，ベイズ推定における尤度の計算に相当する．各時刻における隠れ変数（この場合は，相手の手札）についての事後分布の計算は，この尤度を用いて逐次ベイズ推定によって原理的に可能であり，それができれば予測分布（この場合は1トリック分の先読み）にしたがって現在出すことのできるカードごとの評価を行い，評価にしたがって最適な行動を取ることが可能である．しかし，式(2.1)からもわかるように，この予測には状態に関する和を計算する必要があり，ハーツの場合，その和の対象となる状態数は莫大である．また，事後確率評価の対象となる隠れ変数の可能な状態も無数にあり，事後分布の完全な保持および更新は現実的には不可能である．そこで，モンテカルロ（サンプリング）近似を行った．実際には，現在の観測状態で見えているカードの状態，および3人の相手エージェントの過去の行動履歴から見て，ゲームのルール上，矛盾のない隠れ状態をランダムにサンプリングし，それらがどの程度の確率（事前確率）であるのかを後ろ向きに1トリック分遡ることで評価を行った．この際の評価には，上述のように別途学習

している相手エージェントの行動モデルを用いる．これは，1ステップ遡った状態については一様な確率を仮定することに相当する．その後，事前確率（重み）評価を行ったサンプルの各々に対し，1トリック分の相手エージェントの行動パターンについてその可能性を再びサンプリングする．その際，各サンプルについて相手エージェントの行動モデルを用いて，前向きの確率（尤度）評価を行う．これによって，モンテカルロ近似による予測分布（式(2.1)における右辺の和）が構成できる．予測分布に従って学習エージェントの行動を評価し，最も評価の高かった行動，すなわちそれを行うことで1トリック後に最も良い結果となると評価された行動（出すべきカード）を選択することで戦略の学習が行われる．

行動の可能性についての評価の高さは「行動価値」と呼ばれ，行動価値に基づく行動の学習はしばしば「強化学習」と呼ばれる．そこで，ここで紹介する学習エージェントを強化学習エージェントと呼ぶことにする．図2.7は，この強化学習エージェントが3人の人工知能エージェントと5,500回のゲームを行いながら学習を行っている過程を示したものである．ここで，人工知能エージェントは「こういう状況ではこういうプレイをするべきである」という規則を66個持って

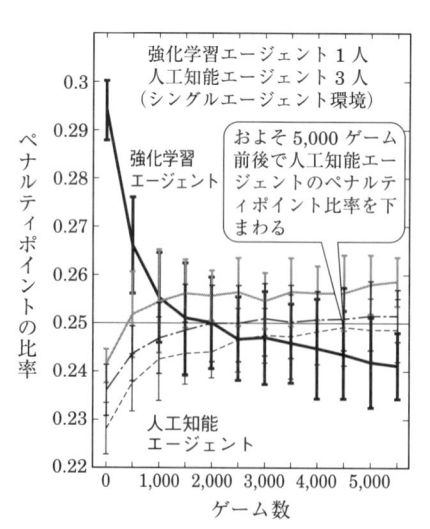

強化学習エージェントが1人，エキスパートレベルの人工知能エージェントが3人で，複数回対戦しながら学習している状況（学習曲線）である．縦軸は，全体の総ペナルティポイントに占める各エージェントのペナルティポイントの割合を示しており，下になるほどそのエージェントが強いことを意味している．横軸は学習ゲーム回数である．約5,000ゲームの後に，強化学習エージェントは人工知能エージェントよりも強くなる．これは，17回の学習実験を通じて（エラーバーがばらつきを示す），統計的に有意である．

図2.7 1人の強化学習エージェントによる学習過程

おり，人間のエキスパートレベルの強さである．ハーツにおいて，1ゲームで4人のプレーヤが押しつけ合うペナルティポイントの合計は26点であるが，取らされたペナルティの値の合計が1になるように正規化したものが縦軸である．ペナルティポイントは少ないほど良いので，縦軸において下になるほどエージェントが強いことを意味する．横軸は強化学習エージェントの学習ゲーム数である．人工知能エージェントは学習しないため，横軸上では一定の強さである．この図から，当初はゲームのルールだけしか知らないのでランダムにカードを選択することしかできず，非常に弱かった強化学習エージェントが，約5,000回のゲームの学習後には3人の人工知能エージェントよりも強くなっていることがわかる．なお，各学習曲線上のエラーバーは17回の学習実験に対する標準偏差であり，学習条件に関わらず強化学習エージェントが有意に強くなるように成長することが示されている．さて，図2.7の状況では学習エージェントは1人だけであり，残りの3人のエージェントは固定であるため，学習エージェントにとって環境は定常である．図2.8は，2人の強化学習エージェントと2人の人工知能エージェントが対戦することで学習が進行する様子を示したものである．この状況では学

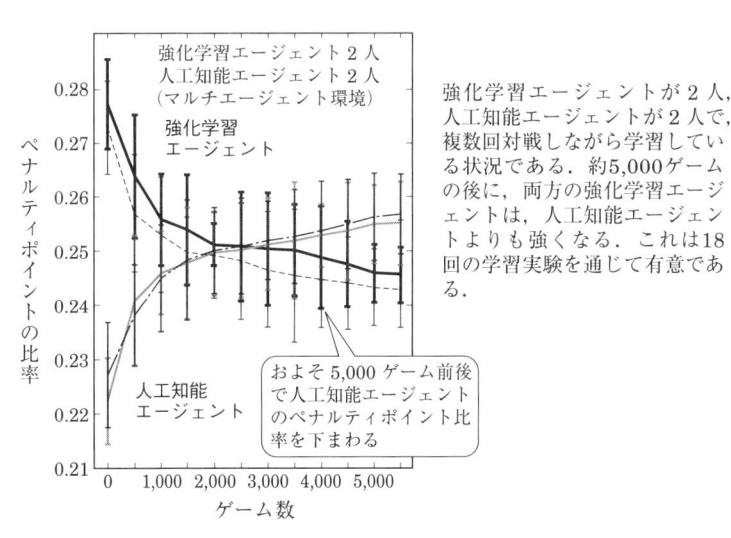

図2.8 2人の強化学習エージェントによる学習過程

習エージェントが2人いるため，各学習エージェントにとって環境は非定常，すなわちマルチエージェント特有の難しさを持つ学習環境である．この場合においても，約5,000回の学習ゲームの後，両学習エージェントがともに人工知能エージェントよりも強くなった．これは，学習エージェントが相手エージェントごとにその行動モデルを学習・保持しているため，各エージェントの緩やかな戦略変化に追随できることによると考えられる．さらにこの学習エージェントは，約5,000回の学習ゲーム後に人間のエキスパートプレーヤよりも強くなり，エキスパートレベルの商用ソフトウェア（Freeverse Software）よりも強くなった[2.4]．このように，信念（隠れ変数の事後分布）をモンテカルロ近似することにより，ハーツのように人間に特徴的な予測推定能力が求められる大規模な実問題であっても解くことができるようになるということは，近似的な逐次ベイズ推定が人間のような知的システムにおける情報処理機構のモデルとして適切である可能性を示唆している．

2.4 ベイズフィルタによる視覚追跡

第3のトピックは，逐次ベイズ推定（ベイズフィルタ）が実問題のみならず，実環境においても動作原理になりえるかということである．仮に，ベイズフィルタが人間の情報処理に対して適切な枠組みを与えるものであれば，それを人間らしい動作をする知的システムの処理に用いることができるはずである．ここでは時系列処理，特に動いている視標の追跡を課題とする．ダイナミクス（状態遷移過程）および観測過程が線形の確率過程（ガウス過程）にしたがえば，カルマンフィルタにより式(2.1)にしたがって時系列ベイズ推定を行うことができるが，いずれかが非線形であればそのまま用いることはできない．粒子フィルタ（particle filter）によれば，非線形の確率過程に対してもモンテカルロ近似を用いて事後分布を表現することができる．サンプル（粒子）数が無限大の極限で真の事後分布を正確に表現することができるが，実際の計算時間は粒子数に対して少なくとも比例することを考慮し，粒子数を比較的少数に制限することにより実時間

処理を行いたい．粒子数が少数であれば，真の事後分布からのずれが生じる．したがって粒子フィルタでは，計算時間と事後分布の近似精度との間にトレードオフが存在する．ここでは，実環境において視覚追跡を行う課題を対象として，実時間処理が可能な程度に粒子数を制限し，一方で実環境では問題となるような様々なノイズに対して頑健な処理を可能とする粒子フィルタ法 [2.5] について紹介する．

ここで，一般的な粒子フィルタの概略を説明する．式(2.1)はベイズフィルタの基礎方程式であるが，粒子フィルタでは時刻 t における事後分布を式(2.2)のように，N 個の粒子 $\{z_t^{(1)}, \cdots, z_t^{(N)}\}$ により近似表現する．

$$P(z_t|x_{1:t}) \approx \frac{1}{N}\sum_{i=1}^{N}\delta(z_t - z_t^{(i)}) \tag{2.2}$$

δ は Dirac のデルタ関数である．式(2.2)は，粒子 $z_t^{(i)}$ が時刻 t における事後分布からランダムサンプリングされていれば，N が無限大の極限で真の事後分布に一致する．

さて，求めたいのは式(2.1)で与えられる真の事後分布であるが，これを式(2.3)のように，適当な重み関数 w と適当な確率密度関数 π を用いて表現することができる．

$$P(z_t|x_{1:t}) = \frac{w(z_t)\pi(z_t|x_{1:t})}{\sum_{z_t}w(z_t)\pi(z_t|x_{1:t})} \tag{2.3}$$

非線形な確率過程を考える場合，真の事後分布は非ガウス分布であるため，そこからのサンプリングは困難である場合が多い．そのため，事後分布に近くかつサンプリングしやすい適当な分布 π（サンプリング分布と呼ぶ；ガウス分布とする場合が多い）を用意し，重みを w として式(2.4)のように設定できれば，サンプリング分布 π は式上で消えて，式(2.3)は真の事後分布になる．

$$w(z_t) = \frac{P(z_t|x_{1:t})}{\pi(z_t|x_{1:t})} \tag{2.4}$$

これを重点サンプリング法と呼び，非ガウスの分布をモンテカルロ表現するのにしばしば用いられるテクニックである．今，新たに N 個の粒子 $\{z_t^{(1)}, \cdots, z_t^{(N)}\}$

がサンプリング分布 π からサンプリングされると仮定すると，π は，それらサンプルを用いて式(2.2)の左辺を π としたモンテカルロ近似で表現される．このモンテカルロ近似を式(2.3)に代入すると，式(2.5)となり，事後分布は各粒子に対する正規化重み $\tilde{w}$ を用いて表現できることがわかる．

$$P(z_t|x_{1:t}) \approx \frac{1}{N}\sum_{i=1}^{N}\frac{w(z_t^{(i)})\delta(z_t-z_t^{(i)})}{\sum_{j=1}^{N}w(z_t^{(j)})} \equiv \frac{1}{N}\sum_{i=1}^{N}\tilde{w}(z_t^{(i)})\delta(z_t-z_t^{(i)}) \quad (2.5)$$

ここで，式(2.2)と式(2.5)は似ていて異なるが，それはこの両者の式においてサンプル $z_t^{(i)}$ のサンプリング分布が異なるためである．また，式(2.1)の左辺に式(2.5)を，右辺第三項に時刻 $t-1$ における式(2.5)をそれぞれ代入することで，式(2.6)のように事後分布に関する逐次的な計算が，式(2.1)における和の計算を行うことなしに，正規化重み $\tilde{w}$ に関する逐次的計算として，極めて簡便に実施可能であることがわかる．

$$\tilde{w}(z_t^{(i)}) \propto \tilde{w}(z_{t-1}^{(i)})\frac{P(x_t|z_t^{(i)})P(z_t^{(i)}|z_{t-1}^{(i)})}{\pi(z_t^{(i)}|z_{t-1}^{(i)}, x_{1:t})} \quad (2.6)$$

計算時間と近似精度とのトレードオフを考える上で，サンプリング分布 π をどのように設定するのかは重要な技術的課題である．式(2.6)において式(2.7)のようにサンプリング分布 π を設定すると，時刻 t における粒子の正規化重みは新しい観測に伴う尤度

$$P(x_t|z_t^{(i)})$$

だけの修正を受けるものとして与えられることがわかる．これがオリジナルな粒子フィルタ法であり，condensation と呼ばれている [2.6]．condensation では，サンプリング分布が隠れ変数の状態遷移（式(2.1)の右辺第2項）によって与えられるため「予測」に基づく手法となっているが，一方で，式(2.7)からわかるように，観測 x_t を用いていない．

$$\pi(z_t^{(i)}|z_{t-1}^{(i)}, x_{1:t}) \leftarrow P(z_t^{(i)}|z_{t-1}^{(i)}) \quad (2.7)$$

そのため，時系列上で予測と大きく異なるデータが出現すると，対応が遅れてしまうという問題点がある．視覚追跡課題では，視標がそれまでと大きく異なる動きを示すことがあり，その場合がこれに相当する．一方で，この問題を解決す

べく最新の観測 x_t を用いてサンプリングを行う手法も存在し，APF（Auxiliary Particle Filter）はその一例である [2.7]．APF は観測を用いてサンプリングを行うため，予期しない視標の動きへの対応が可能であるが，一方で観測を重視するため，視標ではないが視標と類似するような環境中のノイズ（偽ターゲット）につかまりやすいという問題がある．このように，予測を重視しながらサンプリングを行う condensation と観測を重視する APF は，サンプリングについて相補的な関係にあり，頑健性についても得意とする状況を異とする．この違いは，特に実時間処理を重視するために粒子数を少なくする場合に顕わになることに注意したい．

実環境における実時間処理を考える上で，この二つの粒子フィルタ法，すなわちサンプリング法を状況に応じて切り替えることが考えられる．ここで，視覚追跡を行う知的システム（機械のことであるが別に人間としても良い）をトラッカーと呼ぶ．トラッカーが自分の信念，すなわち隠れ変数である視標の位置について自信がある場合，予測を重視することで condensation を用いる．これにより，例えば視標が遮蔽物に隠れた場合においても，予測できる動きであれば，遮蔽物から出てくる場所を予測することで追跡を継続することができる．一方で，トラッカーが自分の予測に自信を持てない場合，現在の観測を重視することとして APF を使う．自信の程については信念のエントロピーなどを指標とすることが考えられるが，ここでは現在の粒子のばらつき具合が事後分布（信念）の分散に対応するので，それがある閾値よりも大きい場合は信念（確信度）が小さいとみなして APF を，一方，ある閾値よりも小さい場合は確信度が大きいとみなして condensation を用いることとした．なお，明確な閾値を設けず，確信度に応じてゆるやかに両方のサンプリングを混ぜるようにすることも考えられるが，特に粒子数が少ない場合，混合サンプリングによる性能向上が顕著ということはないので，閾値による処理で十分である．

図 2.9 は，様々なノイズを持つ実環境における視覚追跡課題を示している．この例の場合，赤いボールがマニュピレータ駆動により周期的に運動しており，その運動軌道上には遮蔽物がある．トラッカーは赤い色を特徴（尤度関数）として

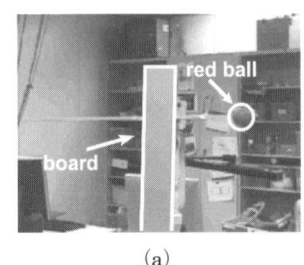

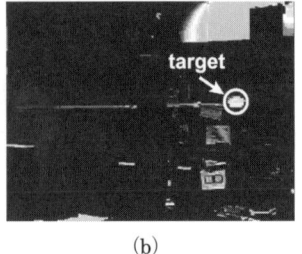

(a)は，実環境を想定した実験環境．マニピュレータにより動かされている赤いボールが追跡対象である．運動軌道上には板が設置されており，ボールの視覚追跡を遮る．また，環境は未整備であり，視標以外にも多数の物体が存在する．

(b)は，赤色を手がかりにして特徴抽出を行った結果．赤色輝度が強いほどボールらしいことを示しているが，環境中には他にも赤色輝度を持つ物体がある．

図 2.9 実環境における視覚追跡実験の例

ボールの位置をトラッキングしようとするが，環境中には赤色成分を持つ多数のノイズ物体（偽ターゲット）がある．この環境で粒子フィルタを用いてボールのトラッキングを行おうとすると，condensationにより，動きが単純である間は遮蔽物を越えての追跡が可能であるが，動きが急激に変わる時点（ボールの折り返し点）では予測と異なるため見失うことがある．一方，APFでは，折り返し点においても観測を用いて的確に追跡することが可能であるが，特に視標が遮蔽物により遮られた際に画面上を必要以上に探すことで，環境中にある偽ターゲットにつかまってしまう．二つの粒子フィルタを切り替える手法を用いれば，こうしたノイズの大きい実環境においても，少ない数の粒子を用いた実時間処理によって頑健な視覚追跡が可能である．最も簡単な粒子フィルタ法では，隠れ変数の状態遷移（式(2.1)における右辺第2項）は拡散過程，あるいは一次の線形過程（なめらかさ制約）として定式化されるが，動きがそれ以外であっても規則的であれば，モデル（たとえば高次線形過程）を仮定し，それをオンライン学習法により同定することが可能である．また，隠れマルコフモデルや切り替え状態空間モデル（switching state-space model）などを用いて複数種類のダイナミクスの合成となる状態遷移を学習し，それを用いたトラッキングを行うことも可能であ

2.4 ベイズフィルタによる視覚追跡

最後のトピックは階層化粒子フィルタについてである．ここで扱うのは，自動車内において，ドライバの頭部の位置および姿勢をハンドルの下に設置された単眼のカメラで追尾するという問題である．頭部には目，鼻，眉あるいは口など，単眼カメラでもテンプレートを用いることで識別できる特徴点がある．頭部は近似的に剛体であるので，これら特徴点の位置が正確にわかれば，剛体による幾何学的拘束条件を用いることで頭部の位置および姿勢を推定することは難しくない．しかし，例えば首を左右方向に振るといった動作により，特徴点の一部は見えなくなってしまう．また，一方の目や眉が遮蔽された状況で下手な特徴点対応（テンプレートマッチング）を行うと，例えば左目の画像を右目に対応させる処理などが発生し，それに伴って頭部姿勢の推定は大幅に間違ってしまう．このようなノイズのある実環境における実時間処理に対して，粒子フィルタ法を適用するためには適切なサンプリング法を用いることが重要である．

ここで，頭部の位置および姿勢を隠れ変数とすれば，特徴点の位置はそれらから決定論的に決まるものであるが，遮蔽などの状況を考えると，この対応は確率モデルを用いて表現することが適当である．また，カメラによる画像面上でのノイズやテンプレートからのずれを考慮するため，特徴点から実際のカメラ画像へのマッピングも確率モデルにより表現する．この場合，後者の確率モデルにおいては特徴点位置が隠れ変数であり，カメラ画像が観測となる．この定式化において，隠れ変数には階層性があることがわかる．すなわち，上位の隠れ変数は頭部の位置および姿勢であり，下位の隠れ変数は各特徴点の位置（および方向）である．

こうした隠れ変数間の階層性を利用したサンプリング法を考える．上位層では，単純化された線形カメラモデル（頭部姿勢から特徴点位置へは剛体による幾何学的拘束をかける）を仮定してサンプリングを行う．一方で下位層では，各特徴点が上位層からの拘束を無視し，かつ他の特徴点とは独立に単純な線形のダイナミクスモデルにしたがって動くものと仮定し，それら二つの分布を混合したモデルが予測分布となるように混合サンプリング分布を作成した．ここで，混合比

を状況に応じて適応的に変化させるものとして，混合予測分布が実際の事後分布にカルバック距離の意味で最も近くなるように混合比を決めた．実際にはこの学習にはオンライン型のアルゴリズムを用いた．カメラ画像面上に特徴点がテンプレートに近い状態（正面向き）として見えている場合，特徴点のトラッキングは画像情報に基づいて安定して可能であり，その際には下位層からの予測分布が実際の事後分布に近くなる．したがって，画像とのマッチングに基づいて先に特徴点の位置を決め，それらからの幾何学的拘束に基づいて頭部の位置および姿勢を決めることが有効である．一方で，特徴点が遮蔽されている，あるいはテンプレートからのずれが大きい（ななめ向き）などの場合，頭部姿勢の予測に基づいて拘束された特徴点位置を用いる予測分布が事後分布を良く表現する．そのため，上位層からの予測の寄与分を表現する混合比が大きくなり，特徴点の遮蔽や歪みなどに起因するノイズに対して，より頑健なサンプリングが行われる．このように，階層化された隠れ変数構造を用いて上位からの予測と下位からの予測のどちらを重視するのかを適切に切り替え，あるいは混合することで，少ない数の粒子によっても頑健な頭部の位置および姿勢の追跡が可能となる．

図 2.10 は，車中で単眼のカメラを用いて撮影した画像情報に基づき，ドライ

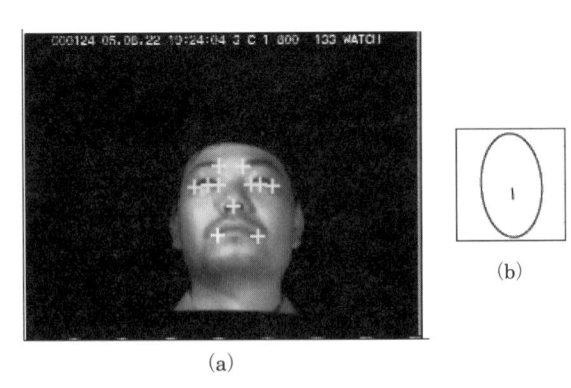

(a)は，実際のカメラ画像である．十字は各特徴点（両目，両眉，鼻，口）の推定位置を表し，十字の濃さは信念の大きさを表している．

(b)は，推定された頭部の位置および姿勢である．

図 2.10 車内における頭部の位置および姿勢の視覚追跡

バの頭部の位置および姿勢の追跡を行った結果を示している．この追跡は実時間処理である．右側は頭部の推定姿勢を示す．左側の写真において，十字は各特徴点の推定位置を表しており，十字の色の濃さが信念の大きさを表している．

2.5　本章のまとめ

　本章では，逐次ベイズ推定（ベイズフィルタ）を用いた研究事例を三つ紹介した．最初の話題は，脳において逐次ベイズ推定が行われている可能性を探るものであった．これについてはおそらくイエスだと考えており，脳の前側（額側）に位置する前頭前野の回路において信念の形成が行われている可能性 [2.1] が認知心理学実験と非侵襲脳機能計測装置を用いて検証された（2.2 節）[2.2]．

　第二の話題は，逐次ベイズ推定は人間でないと解けないような大規模実問題に対する計算機構になりえるかというものであった．大人の人間により辛うじて学習できるような実問題であるトランプゲーム「ハーツ」を題材として，その隠れ変数状態の推定とその推定に基づく意思決定にベイズフィルタの近似版が有効であり，それを用いて計算機上で実現された学習エージェントが人間のエキスパートよりも強くなる程に成長することが示された（2.3 節）[2.4, 2.5]．したがって，第二の問に対する答もイエスである．

　最後の話題は，ベイズフィルタが実環境における実時間処理に有効であるかというものであった．非ガウス過程にしたがう時系列の処理を行う上で，粒子フィルタ法は効果的なベイズフィルタの実装法であるが，実環境での実時間処理を考えると，計算時間と近似精度とのトレードオフが問題となる．これを解決するために，信念の程度に従って予測あるいは観測を重視するサンプリングを切り替えながら実行する切り替え粒子フィルタが有効であることを示した [2.8]．さらに，隠れ変数が階層的な構造を有している場合，各階層からの予測分布を混合するような混合予測分布を考え，それを用いたサンプリング法を実装することで，実環境において頑健な視覚追跡が可能であることが示された（2.4 節）．

　これらの研究が示していることは，逐次ベイズ推定が，人間あるいは人間的な

動作を示す知的システムにおける情報処理方式を提供しているということである．すなわち，逐次ベイズ推定は，理学と工学をつなぐシステムの共通の動作原理となりえると考えられる．

本章で紹介した研究は，筆者と，吉田和子博士（2.2節），藤田肇博士，松野陽一郎氏（2.3節），坂東誉司博士，柴田智広博士，銅谷賢治博士，深谷直樹博士，清水幹郎氏（2.4節）との共同によるものである．

参考文献

[2.1] G. Northoff and F. Bermpohl, "Cortical midline structures and the self", *Trends in Cognitive Science*, Vol. 8, pp. 102-107, 2004

[2.2] W. Yoshida and S. Ishii "Resolution of uncertainty in prefrontal cortex", *Neuron*, Vol. 50, No. 5, pp. 781-789, 2006

[2.3] S. Ishii, H. Fujita, M. Mitsutake, T. Yamazaki, J. Matsuda and Y. Matsuno, "A reinforcement learning scheme for a partially-observable multi-agent game", *Machine Learning*, Vol. 59, pp. 31-54, 2005

[2.4] H. Fujita and S. Ishii, "Multi-agent reinforcement learning for partially-observable games with sampling-based state estimation", *Neural Computation*, (to appear)

[2.5] T. Bando, T. Shibata, K. Doya and S. Ishii, "Switching particle filters for efficient visual tracking", *Robotics and Autonomous Systems*, Vol. 54, pp. 873-884, 2006

[2.6] M. Isard and A. Blake, "Condensation—conditional density propagation for visual tracking", *International Journal of Computer Vision*, Vol. 28, No. 1, pp. 5-28, 1998

[2.7] M. Pitts and N. Shephard, "Filtering via simulation : auxiliary particle filters", *Journal of American Statistical Association*, Vol. 94, No. 446, pp. 590-599, 1999

[2.8] S. Ishii, W. Yoshida and J. Yoshimoto, "Control of exploitation-exploration meta-parameter in reinforcement learning", *Neural Networks*, Vol. 15, No. 4-6, pp. 665-687, 2002

第3章

照井伸彦

ベイズモデリングによるマーケティング戦略

マーケティングの研究分野では，この10年の間にベイズ統計を適用した論文が盛んに発表され，その勢いは加速し続けている．本章では，まずその理由および背景を順を追って解説し，次に著者らによって行われたいくつかの分析事例を紹介する．

3.1　マーケティングとは何か

マーケティングは，「…マーケティング」という名前のついた教科書やビジネス書がたくさん出ていることからもわかるように，対象へのアプローチは様々であり非常に幅広い領域である．隣接科学としては統計学をはじめとして，経済学，経営学，心理学，社会学等があり，それらの研究成果を積極的に取り入れていくような応用科学であるといえる．分析の対象は市場であり，その構成要素である**ヒト**（消費者，顧客）と**モノ**（製品，ブランド）を分析対象とする．

マーケティングとは何かということを考えるときに一番わかりやすいのは，自分がある会社を興して，モノやサービスを創造してそれを市場で販売していくことを考えることであろう．その手順のスタートから，まず市場の機会を発見し，製品をデザインし，市場に出す前に製品テストをして，その後市場導入し，導入後，適切なタイミングで市場から撤退するまでのそれぞれのステップで様々なマーケティング管理手法が使われる．ここでは，市場導入後の消費者の市場反応を分析していくところに焦点を当てて，現代マーケティングで求められる姿を見ていく．

市場反応分析の一般的な枠組みでは，マーケティングの戦略は四つのP（Product（製品），Price（価格），Promotion（販売促進），Place（流通））を制御変数として，目的変数である売上，利潤，マーケットシェアなどの最適化を計画するものと定義される．ここで最後のPlace（流通）は，本来はチャネルやディストリビューションというのが正確であるが，すべてをPに合わせるために，モノをある場所（プレイス）から別の場所に移していくという意味でプレイスという言葉を使っている．これらの関係は市場反応関数として，次のように表現される．

Sale（Choice）＝f（Product, Price, Promotion, Place）

さらに，データの種類に応じて次の類型化ができる．

① 集計データ→回帰，時系列モデル（POSデータ）
② 非集計データ→ブランド選択モデル（パネルデータ）

ここで集計データの場合，通常使用されるデータはPOS（Point of Sales：販売時点）データである．これは，店舗で買物をして精算するときに商品のバーコードをスキャナーでスキャンして同時に集められる情報であり，使われる典型的な統計モデルは回帰モデルや時系列モデルなどである．

そして二つ目は非集計データであり，これは特定の消費者（パネル）がどのブランドをどういう状態のときに選択したかを表すブランド選択行動の記録である．消費者の選択行動を表現する離散データが目的変数となる離散選択モデルが最も多く使われる手法であり，マーケティングではブランド選択モデルと呼ばれる．

3.2　マーケティングとベイズモデリング

3.2.1　マーケティングの現代的課題

マーケティングとベイズ統計の関係は古くからあり，シュレイファー（Schlaifer）の 1969 年の著書「意思決定の理論」（[3.1]）では，意思決定者の事前情報をどのような形で表現して分析や経営努力の意思決定に使えるかという議論がこの時代に既に論じられている．さらに時を経て，90 年代以降のマルコフ連鎖モンテカルロ（MCMC）等の計算上のブレイクスルーにより，マーケティングの問題への適用事例が急速に増加してきているというのが現状である．

現代のマーケティングを取り巻く環境として，市場に関する情報（データ）は前述の POS データやパネルデータ，また広告シングルソースデータ（これは最後の分析事例で紹介する．パネルデータに広告に接触した回数の情報が追加されているもの），さらにはパネルを自社顧客に特化させたメンバーシップ顧客によるトラッキングデータなどがある．特に最後のメンバーシップ顧客データは FSP（Frequent Shoppers Program）データとも呼ばれ，もともと顧客維持や管理を目的として導入されたものである．これは，店舗で登録をして会員カードを発行し，顧客の利用金額に応じて各種特典が与えられるシステムで，このシステムでは入会時に消費者一人ひとりの情報が属性とともに企業側へ与えられ，さらに入会後の行動データは各種購買機会ごとに瞬時に自動的に企業側に与えられることになる．

これらのように現代の市場取引では，ヒトとモノのマイクロな大量データが自動的かつ瞬時に収集される環境にあり，この情報からマネジメントに有用な知識を抽出して消費者ごとに個別のマーケティングアプローチをしたいという欲求が自然に出てくる．しかもそれは実現可能な環境にあり，これらの情報が他企業との競争優位を獲得する重要な源泉として捉えられている．つまりマーケティングの現代的課題は，平均的消費者や大雑把なセグメンテーションをさらに突き詰めて，顧客ごとに嗜好や購買行動を個別に理解することである．またモノについて

も，POS情報などから得られる商品単品ごとの販売情報からより細かいSKU（在庫管理単位），あるいは単品レベルでの需要予測や商品管理が求められる．いわばヒトやモノに関して「**個の推定**」がキーワードであり，これを通じて企業内の経営資源の効率化を図ることが競争戦略上の急務とされている．

　他方，これらマーケティングのデータの特徴としては，離散データ（ブランド選択やリッカート尺度による市場サーベイデータなど），少数データ（全体では大規模であっても「個の推定」に対しては情報が依然少ないこと），欠損値（例えばアンケート調査での未回答項目など）であり，これらの特徴を持つデータを利用した「個」を表す異質性の推定が求められている．つまり上述のように，市場全体として大規模な情報ではあっても，複雑な個別の推定を安定的に行えるほどに多くの情報は期待できず，異質性をどのように処理して推測を行うかがモデリング上の現代的課題である．

　この「個の推定」に関して，マーケティングにおいては異質性と共通性というキーワードがある．これらはマーケティングに最も近い経済学における消費者の見方との対比で見るとわかりやすい．ミクロ経済学では合理的に行動する代表的な消費者がマーケットに一人存在することを仮定し，その合理的行動原理をビルディング・ブロックとしてモデルを組み立てていくのに対して，マーケティングでは消費者は異質であると理解をするところからスタートする．したがって市場を細かく見て消費者を細分化し，各セグメントの理解を通して様々な戦略を実行していく．細分化の仕方は次の三段階に大きく分けられる．

① マスマーケティング：広告など，すべての消費者に一様にアプローチする手法．
② セグメンテーション：年齢や性別，地域などのデモグラフィック情報などで消費者を複数のセグメントに分類し，セグメントごとに別々にアプローチする手法（集団に有限個の潜在クラスを仮定した有限混合分布（潜在クラス）モデル）．
③ ワントゥワンマーケティング：異質性を究極まで高めて一人一人の消費者

に対して個別にアプローチする（連続混合分布（ランダム効果）モデル）.

この最後のワントゥワンマーケティングあるいは個を標的にするターゲットマーケティングの考え方が，現在求められている大きな流れである.

3.2.2　どうしてベイズモデリングが必要か？

前述のような環境で個人の情報が入手可能になってきたとはいえ，個人別の情報は安定的な統計的推測を保証するほど多くはない．そこで，「各消費者は異質であるけれども共通する部分もある」という仮定をおく．この仮定によりデータの持つ情報を**異質性**と**共通性**に分配し，異質性を推定するのに不足した情報を共通性として消費者全体をプールしたもので補うことが考えられる．この形の統計的推測を行う上で，相性の良いモデルとして階層ベイズモデルが使われている．

異質性と共通性の関係を図にしたものが図3.1である．様々な形をした小さい

異質性と共通性

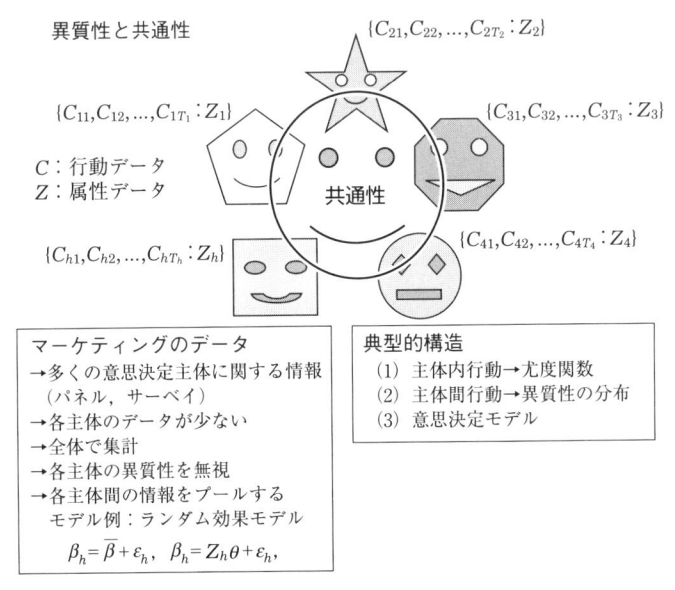

$\{C_{11}, C_{12}, ..., C_{1T_1} : Z_1\}$　　$\{C_{21}, C_{22}, ..., C_{2T_2} : Z_2\}$　　$\{C_{31}, C_{32}, ..., C_{3T_3} : Z_3\}$

C：行動データ
Z：属性データ

共通性

$\{C_{h1}, C_{h2}, ..., C_{hT_h} : Z_h\}$　　$\{C_{41}, C_{42}, ..., C_{4T_4} : Z_4\}$

マーケティングのデータ
→多くの意思決定主体に関する情報
　（パネル，サーベイ）
→各主体のデータが少ない
→全体で集計
→各主体の異質性を無視
→各主体間の情報をプールする
　モデル例：ランダム効果モデル
　$\beta_h = \bar{\beta} + \varepsilon_h,\quad \beta_h = Z_h\theta + \varepsilon_h,$

典型的構造
(1) 主体内行動→尤度関数
(2) 主体間行動→異質性の分布
(3) 意思決定モデル

図 3.1　消費者の異質性と共通性

顔が一人ひとりの消費者を表し，各人が市場でどのような行動をしたかが行動データ C として記録され，これらがそれぞれの属性データ Z と合わせて顔の特定化に利用される．しかし，それだけでこの一人の顔を描けるほど個々人に関する情報は豊富では無いのが通例である．そこで，多数存在する個人の消費者像に共通するような「顔」が前提できるという仮定を置く．そこでは，まず各個人間の情報をプールするモデルを設定し，h 番目の消費者個人の市場反応を表す β_h がある共通性 $\bar{\beta}$ （代表的消費者の市場反応）を中心にして安定的に散らばり，それぞればらばらに動かないという制約をかける．これを階層ベイズモデルでは，θ が共通性を表現し，Z が各個人の固有の属性であり，共通性と結び付けて回帰モデルの形で表現する．そこでは，個人の消費者の行動データによって各人の尤度関数を決め（**主体内行動**），個々人間の関係を階層モデルで表現して（**主体間行動**）意思決定モデルを作るというのが典型的なモデルの構造である．

3.2.3 どうして強力なのか？

このツールがどうしてマーケティングに強力な力を発揮するのかについては，マーケティングの特性の面と統計モデリングの二つの視点から説明できる．

まず，第 1 の視点のマーケティングの特性面からの説明として，次のようなことがいえる．異質性と共通性という言葉に関してパネルデータを同じように扱う計量経済学では，パネル内の少数データに内在するバイアスを除去して経済全体を反映する共通性を推定対象にしてきた．異質性はそこではバイアスと呼ばれ，推定の対象外で積分して除去する量であるが，マーケティングではこのバイアスこそが貴重な情報であるという逆転の発想があり，ここに大きな特徴がある．また，主観的判断に対する態度も両分野では大きく異なり，経済学では意思決定者や分析者の主観的判断を極力排除しようとするのに対して，マーケティングでは経験やビジネスセンス，経営手腕としての主観的な判断を意思決定に積極的に取り入れる土壌が自然にある．**階層ベイズモデル**は，異質性と共通性の間に情報量の振り分けを自動的に行うことができるというメリットがある．

もうひとつの視点は，統計モデリングの視点である．必然的に，個を推定することから，複雑なモデリングが求められる．そこで使われるデータは非集計データであることから，データの集計により期待できる中心極限定理に依存できないような状況が発生し，データとして線形あるいは正規性からの乖離を意識したモデリングを行う必要性が頻繁に出てくる．その場合でも，非線形モデルの場合は条件付きで線形であれば効率的にベイズ推測が行える．また，複雑なモデルを扱うことから生じる非正則な状況下の統計的推測が，ベイズアプローチをとることで一貫性を持って処理できるというメリットをもつことも，ベイズモデリングが求められる理由である．

3.3　分析事例

前節までの議論を背景として，筆者が最近研究を進めてきた"個"の推定に関する分析事例を四例紹介する．

最初の例は，消費者の価格変化に鈍感な領域を知る（価格閾値の特定）問題について，また次の例では消費者ごとに異なる価格をつける（価格カスタマイゼーション）問題を扱う．日常の店舗での買物状況では，一つの商品に同一の価格がすべての顧客に一様に提供されるが，インターネットショッピングの場合のように自分以外の人にどのような価格がついているのかがわからない状況であれば，価格を同じにする必要はなく，むしろ消費者の価格反応の異質性から各人に異なる価格をつける方が効率的である場合が考えられる．したがってここでは，どのように価格を個別に提供するのが良いのかという議論を行う．三番目の分析事例は市場での消費者間の値ごろ感の分布を測定して価格戦略を考え，最後にテレビ広告の効果をパネルごとに個別に推定して広告管理をするという問題を紹介する．

これら四つの分析事例では，いずれも消費者パネルがどのブランドを選んだかという行動データを分析する消費者行動分析モデルで多用される離散選択モデルを使用する．この離散選択モデルは様々な分野で応用されており，マーケティン

グではブランド選択，店舗選択あるいは交通機関の選択，政治であれば投票行動などに使われている．経済学の関連では，McFadden が離散選択モデルのひとつである多項ロジットモデルを評価され，ノーベル経済学賞を受賞している．

3.3.1 ブランド選択モデル ―最適化原理に基づく定式化

U_i をある消費者の選択肢 i に対する効用とし，選択肢の数を五つとすると，その消費者は $(U_1, U_2, U_3, U_4, U_5)$ を比較して，最も効用の高い選択肢を選択すると仮定する（**効用最大化原理**）．i のブランドを選択する確率は，次のように表される．

$$P(i|C) = \Pr[U_i > U_j] \text{ for all } j \in C, j \neq i$$

効用は通常，マーケティング変数の線形関数を仮定し，回帰モデルと同じように確定的な効用部分と確率的誤差の部分からなるとする．

$$U_i = X_i \beta + \varepsilon_i$$

上記の効用最大化原理に基づくブランド選択行動に従えば，i 番目のブランドを選択する確率は，一般に次の積分表現で与えられる．

$$P(i|C) = \int\int\int_{\max(U_1, U_2, \cdots, U_n) = U_i} f(U_1, U_2, \cdots, U_n) dU_1 dU_2 \cdots dU_n$$

ここで，$f(\cdot)$ は同時確率密度関数を表す．いま，効用の確率的誤差項に極値分布を仮定した場合がロジットモデルであり，この積分は解析的に評価され，パラメータ推定には便利なモデルのクラスを構成する．他方，二つの選択肢の選択確率の比が選択集合に関わらず同じであるという"無関係の代替案からの独立(I.I.A. Independence of Irrelevant Alternatives)"の問題が内在する．また，誤差項の分布としてより自然な正規分布を仮定したモデルがプロビットモデルであり，このモデルのブランド選択確率は多重積分評価を伴う．MCMC を用いたベイズモデリングでは，**データ拡大**（Data Augmentation）という手法によりブランド選択データと整合的な効用をモデルから人工的に拡大して発生させること

で，この積分を評価する．

さらに，この効用関数に現れる市場反応パラメータ β が一人ひとり異なり (β_h)，この消費者の異質性を推定したいというのがマーケティングの現代的課題である．

消費者異質性を統計的にいかにモデル化するかに関しては，3.1節で述べたように，一人ひとりの消費者の市場反応パラメータはある共通性を仮定して，代表的消費者の周りに安定的に分布していると仮定する．ここで，共通性パラメータ θ を介して，Z という固有情報を手がかりに各消費者の位置を決める構造を入れる．これが異質性を入れたブランド選択モデルの構造であり，これにより各消費者の価格変化に鈍感な領域である**価格閾値**を推定する事例を次に紹介する．

3.3.2 消費者の価格変化に鈍感な領域を知る —消費者の価格閾値の推定

図3.2は，横軸が価格で縦軸が効用を表し，ある消費者があるものをある価格で買うときに損と感じるか得と感じるかによって効用がどのように変化するかを表している．ここで原点は，利得に関して中立な損とも得とも思わない点（参照

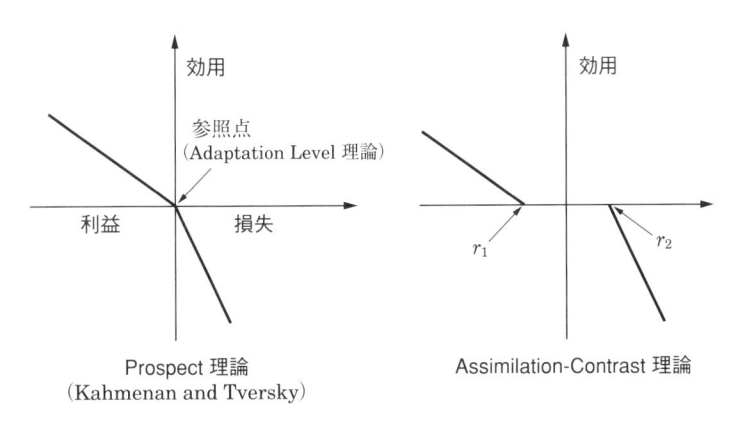

図3.2 消費者の利得・損失と効用

点）である．またこの図は，損を感じたときの効用の変化分と得と感じたときの効用の変化分が対称でないことを主張する Prospect 理論を背景にしている．この理論の提唱者の Kahmenan and Tversky（1979）[3.2] は，このような消費者の利得・損失と効用の関係を提示する際に，経済学の基本的仮定である合理的消費者像とは異なり，消費者は必ずしも合理的に行動するとは限らないことを実験によって示し，実験経済学という分野を切り拓いたことでノーベル経済学賞を授賞している．さらに別の Assimilation-Contrast 理論によれば，中立な参照点は必ずしも一定ではなくある幅を持っており，価格変化に反応しない領域が存在するとされ，この領域は価格閾値と呼ばれる．

最初の事例では，この価格閾値の上限と下限をパネルデータから消費者ごとに推定する問題を扱う．

マーケティングの一分野である消費者行動論では，認知心理学のアプローチを通して様々な実験が繰り返され，理論の構築が試みられている．この消費者行動論では，図 3.2 に示した消費者の市場反応関数は直線ではなく，スムーズかつ非線形な関数を仮定する（図 3.3）．この真中の領域が**価格受容域**（LPA：Latitude of Price Acceptance）と呼ばれ，この領域で価格が変化している限り，消費者は

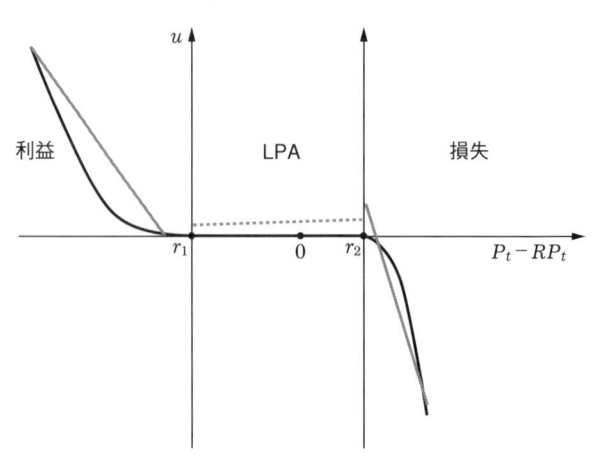

図 3.3　消費者行動論とモデルの意味

価格の変化がないものとして受け止める．

(1) 価格閾値モデル

このように一般的には曲線を仮定するが，確率効用関数を扱うときに非線形関数は非常に扱いにくく，一般に多くのパラメータを必要とする．この問題に対してTerui and Dahana（2006a）[3.3]では，閾値変数に焦点を当てて，よりパラメータ節約的な，区分的に線形関数で近似する**閾値プロビットモデル**を提案した．

〔A〕 主体内モデル

次式が区分的に線形構造を持つ閾値効用関数であり，これを用いて閾値パラメータで定義されている価格閾値や市場反応パラメータを消費者ごとに推定する．

$$U_{jht} = \begin{cases} u_{jh}^{(1)} + X_{jht}\beta_h^{(1)} + \varepsilon_{jht}^{(1)} & \text{if } P_{jht} - RP_{jht} \leq r_{1h} \\ u_{jh}^{(2)} + X_{jht}\beta_h^{(2)} + \varepsilon_{jht}^{(2)} & \text{if } r_{1h} < P_{jht} - RP_{jht} \leq r_{2h} \\ u_{jh}^{(3)} + X_{jht}\beta_h^{(3)} + \varepsilon_{jht}^{(3)} & \text{if } P_{jht} - RP_{jht} > r_{2h} \end{cases}$$

（$\beta_h^{(2)}$ への制約が必要：$\beta_{hp}^{(a)} \sim N(0, \sigma_{hp}^{(a)2})$）

ここで，j はブランド，h は消費者，t は購買機会を表す．

ここでは三つのレジームの真中のレジームが価格受容域を表現し，右側のレジームは価格損失，左側は利得のレジームである．また，ニュートラルなポイントとは**参照価格** RP と小売価格 P の差である．参照価格とは，あるものを買うときにこれまでの購買経験やその場の状況から，例えば350円くらいであろうと思っているとしたとき，その価格のことを意味する．価格受容域は，参照価格と実際の価格との差を判断して，それがある幅以内のときに，損をしたとも得をしたとも感じないことを意味している．

つまりこの r_1 と r_2 で定義される領域が価格受容域であり，これらを消費者ごとに推定したいというのがここでの課題である．ここでは，真中のレジームは価格変化に反応しないという制約をつける必要があり，真中のレジームの価格係数パラメータに対して，平均がゼロになる事前分布を導入する．このような操作が

容易にできるのもベイズアプローチのメリットである．

次に閾値および係数パラメータについて，パネル間の関係を表す階層モデルを主体間モデルとして次のように設定し，データ拡大の手法により MCMC で分布を計算する．

〔B〕 主体間モデル（パネル間の関係）

市場反応パラメータ

$$\beta_h^{(i)} = \Delta^{(i)} Z_h^{\beta} + v_h^{(i)}\,;\quad v_{h(i)}^{i,i,d}: \mathrm{N}(0, V_\beta^{(i)}),\quad h=1,\cdots,H\,;\, i=1,2,3.$$

$$\begin{cases} Z_h^{\beta}:(d\times 1)\ \text{家計固有データ} \\ \Delta^{(i)}:(k\times d)\ \text{回帰係数行列} \\ v_h^{(i)}:\text{誤差ベクトル} \end{cases}$$

価格閾値パラメータ

$$r_{1h} = Z_h^r \phi_1 + \eta_{1h}\,;\ r_{2h} = Z_h^r \phi_2 + \eta_{2h}\,;\ h=1,\cdots,H.$$

$$\begin{cases} r_{1h} < 0 < r_{2h} \\ Z_h^r:(d'\times 1)\ \text{家計固有データ} \\ \phi_1, \phi_2:\text{回帰係数ベクトル} \\ \eta_{jh}:\text{誤差項}\ N(0, \sigma_{j\eta}^2)\ \text{for}\ j=1,2 \end{cases}$$

実証例として，インスタントコーヒーのパネルデータを適用する．データはビデオリサーチ社による提供で，パネル数 197，総購買機会が 2,840 ケース，5 ブランドが競合している市場に関するデータである．マーケティング変数としては，価格，ディスプレイ（店内販促活動），チラシ広告を含んでいる．ディスプレイおよびチラシ広告は，実施の有無によりそれぞれ 1 または 0 をとるバイナリデータである．また，家計の固有データとしては，市場反応パラメータに対しては，（家族人数，買物支出額／月），価格閾値については（買物頻度，参照価格レベル，ブランドロイヤルティ・レベル）を利用する．これらは先行研究でそれぞれを規定する要因として取り上げられてきたものである．

図 3.4 は，家計ごとに推定された価格閾値のヒストグラムである．下限の閾値の平均値は -0.113 であり，ディスカウントする場合は 11.3% を超えないと効果が無いこと，また，上限の価格閾値の推定値の平均は 0.138 であり，13.8% 以内

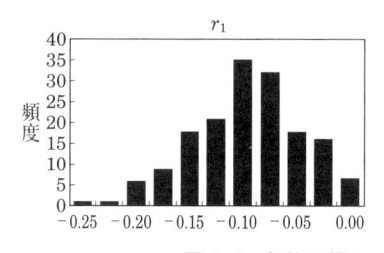

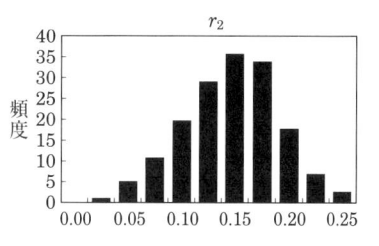

図 3.4 価格閾値のパネル家計推定値の分布

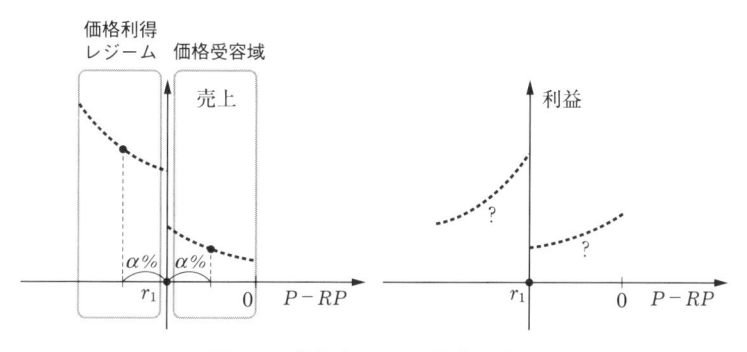

図 3.5 期待売上げ増,期待利益増

である限り値上げしても消費者は値上げを感じないことがわかる.他方,下限閾値および上限閾値の分布はいずれも歪であり,平均値を基にした意思決定は合理性が無いこと,また,ゼロを中心とする対称な価格受容域の設定は合理性に欠くことがわかる.

3.3.3 消費者ごとに異なる価格を付ける—価格カスタマイゼーション

いま,価格閾値の情報が得られたとき,どのような価格戦略が考えられるかについて検討する.事例2として,消費者ごとに異なる価格を付ける**価格カスタマイゼーション**の可能性を取り上げる [3.4].

まず,この価格戦略をとった場合にどのような利益を生むチャンスがあるかに

図 3.6　期待売上変化

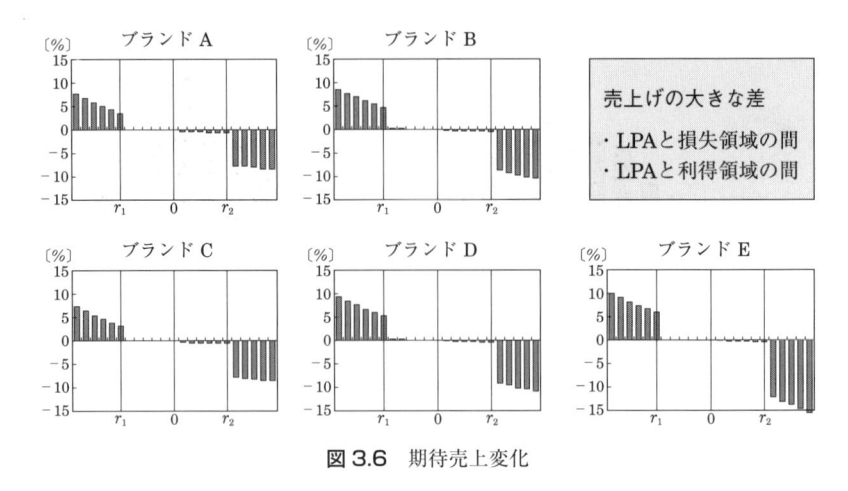

関して考える．ディスカウントに関しては，下限の価格閾値を超えないディスカウントであれば，消費者はディスカウントされたと認識しないことから単純なロスになり，逆に値上げの場合でも，上限の価格閾値を超えない値上げである限りは，実際には価格が上がっていても消費者は反応せず，利益が生まれる可能性がある．つまり，異質な価格閾値の情報は，下限の閾値を超えないディスカウントによるロスを最小化して，上限の価格閾値を超えない値上げによる利益を最大化するという二つの面で利益をもたらす情報となる．

図 3.6 は，各々のレベルで価格を変化させたときの期待売上変化の動きをブランドごとに表している．各図は四つのゾーンに分かれ，0 を挟む真中の二つのゾーンが価格受容域，右端のゾーンが利得，左端のゾーンが損失の領域をそれぞれ表している．いま，全領域に関して適当に間隔を区切って，実際に価格変化を与えたときのシェアの変化をシミュレーションで評価したものが図 3.6 である．これらの図から，期待されたとおり，価格受容域のゾーンでは売上変化はほとんどなく，価格閾値の下限を超えたところで大きく売上が上がり，逆に上限の閾値を越えたところから大きく減少していることがわかる．この傾向はブランドごとに多少異なるが，本質的に同じような形になる．

図 3.7 は，小売のマージンを設定して，売上から利益ベースに変換したもので

図 3.7 期待利益変化

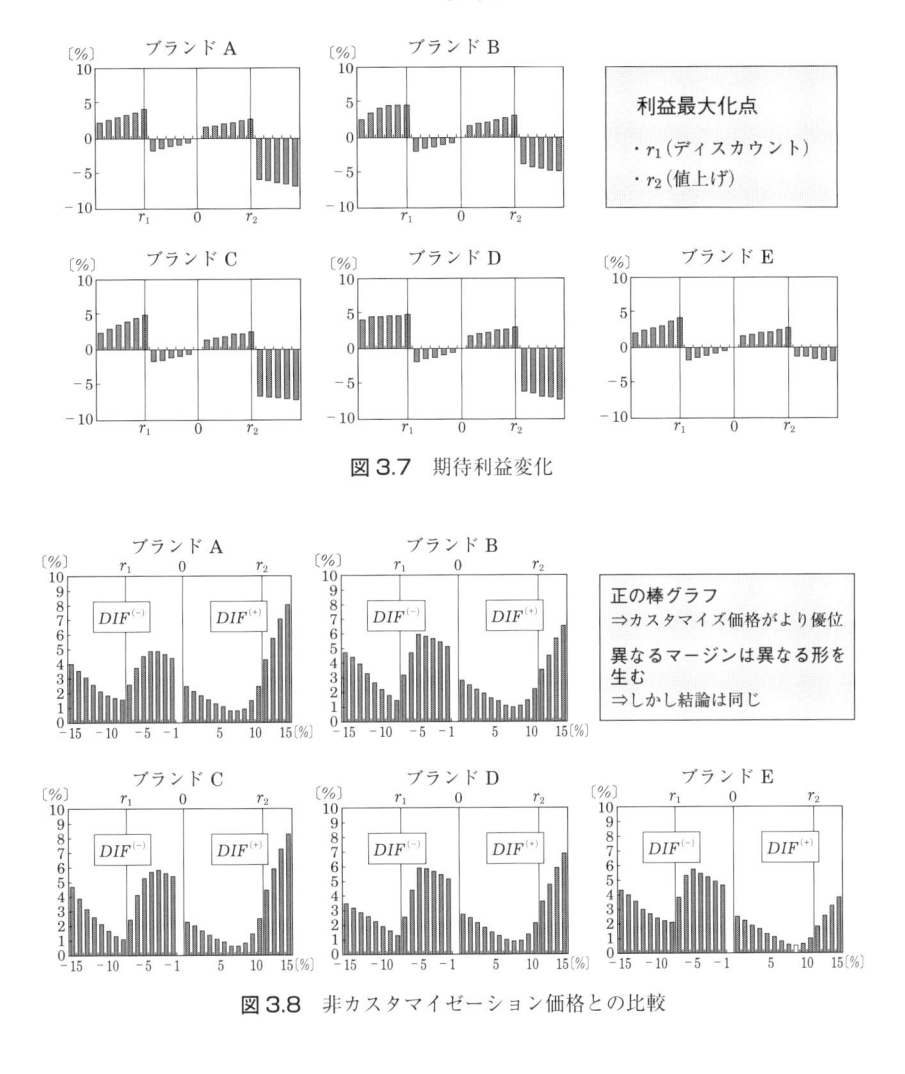

図 3.8 非カスタマイゼーション価格との比較

ある．縦軸の正が増益，負が減益を意味しており，いずれのブランドについても価格閾値のところでプライシングした場合が，ディスカウントおよび値上げの両面でそれぞれ最大の利益を生み出していることがわかる．

図 3.8 は，消費者ごとにカスタマイズしない状況で一様にプライシングしたときの最適値と，カスタマイズ価格戦略の最適値との差を評価したものである．い

ずれも棒グラフが正の領域で立っているので，増益を示す．正の領域はカスタマイズしたほうが利益の大きい領域と定義しているので，非カスタマイゼーション戦略よりも有効な価格戦略であることがわかる．

3.3.4 値ごろ感の分布を知って価格戦略を考える —参照価格の消費者間分布による価格戦略

次は，消費者ごとに異なる参照価格（RP：Reference Price）を推定することにより新しい価格戦略を探る［3.5］．参照価格とは前述のように，この商品であればいくらぐらいであると判断する価格，つまり「値ごろ感」のことであり，参照価格が店頭価格より大きいときには割安感，小さいときには割高感をそれぞれの消費者は感じる．

この参照価格がどのように形成されるかに関しては，先行研究では二つの類型が示されている．一つは内的参照価格と呼ばれ，自分の経験，つまり過去の記憶で現在の参照価格を決めているとする考え方である．もう一つのタイプは外的参照価格と呼ばれ，他ブランドとの比較状況において参照価格を決めるというものである．これら二種類のそれぞれの類型に関して，次の具体的参照価格が提案されている．

① **内的参照価格**（IRP：Internal RP）：過去の価格による参照価格
　・過去の平均価格
　・一期前の価格
② **外的参照価格**（ERP：External RP）：現在の価格による参照価格
　・現在の最小価格
　・一期前に買ったブランドの現在の価格

これらについても消費者によってそれぞれ異なるであろうと発想するのは自然である．参照価格について二つのタイプの参照価格の線形結合を考えて，ウェイト（メモリパラメータと呼ぶ）が一人ひとり異なるとするモデルを考える．その

際，各消費者においては，考慮するブランドによっては過去を参照するブランドもあれば，その場の比較によって決めるブランドもあるとし，ブランドの異質性と消費者の異質性の双方を二重に導入して，参照価格を下記のように定義する．

$$RP_{jht} = \lambda_{jh} IRP_{jht} + (1-\lambda_{jh}) ERP_{jht}$$

ここで，λ_{jh} は消費者一人ひとりのメモリパラメータの異質性およびブランド間のメモリパラメータの異質性を表す．効用関数は参照価格の利得の効果と損失の効果を表すレジームを含み，LPA を含まない次の線形確率効用関数を利用する．

$$U_{jht} = \beta_{jh} + \beta_1 X_{jht}^{(1)} + \cdots + \beta_d X_{jht}^{(d)} + \beta_G I_G (RP_{jht} - P_{jht})$$
$$+ \beta_L I_L (P_{jht} - RP_{jht}) + u_{jht},$$
$$u_{jht} \sim N(0, s_{jh}^2), j=1, \cdots, j, h=1, \cdots, H, t=1, \cdots, T_h.$$
$$X_{jht}^{(1)}, \cdots, X_{jht}^{(d)} = マーケティング変数$$
$$I_G = 1 \text{ if } RP_{jht} > P_{jht}, 0 \text{ otherwise}. \ I_L = 1 \text{ if } P_{jht} > RP_{jht}, 0 \text{ otherwise}.$$

さらにメモリパラメータの階層モデルとして，T を共通性パラメータ，d_h を消費者固有データとする次の構造を設定する．

$$\lambda_h^* = T d_h + \omega_h, \ \omega_h \sim N(0, \Omega) \ ; \ \lambda_h^* = (\lambda_{1h}^*, \lambda_{2h}^*, \cdots, \lambda_{Mh}^*)' ; \ \lambda_{jh}^* = \ln\left(\frac{\lambda_{jh}}{1-\lambda_{jh}}\right)$$

主たる関心事はメモリパラメータであり，これが1に近ければ IRP，つまり内的に参照価格を決める傾向の強い消費者であり，これがゼロに近ければ ERP，つまり外的に参照価格を決める傾向の強い消費者であると判断でき，これにより消費者のタイプを分類できる．さらに，これがブランドごとに評価できることから，ブランドのタイプについても同時に推測することができる．

次に，下記のカレールーおよびインスタントコーヒーの二種類のパネルデータを分析した結果を図3.9に示す．

① カレールー（日経 NEEDS SCAN-PANEL データ）
　パネル数：331世帯
　購買件数：4,999件

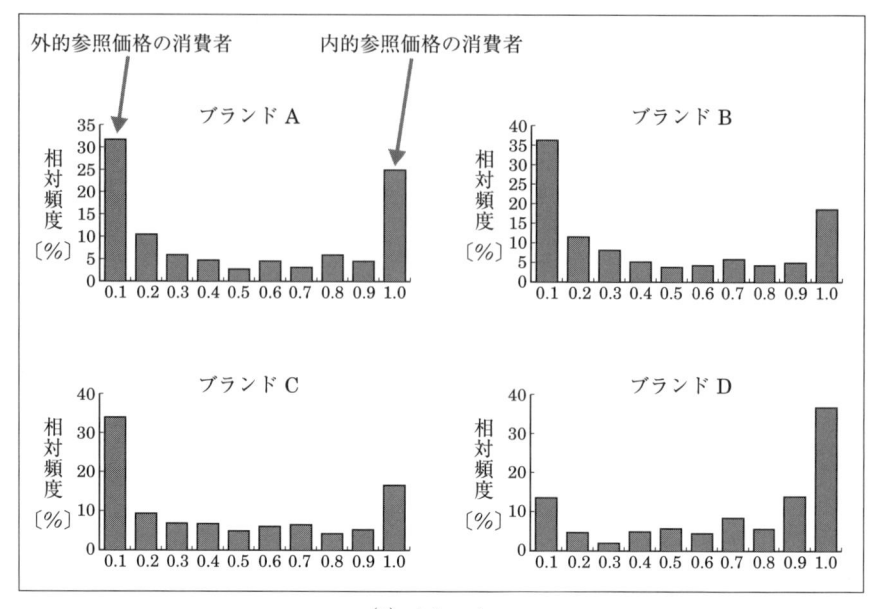

(1) カレールー

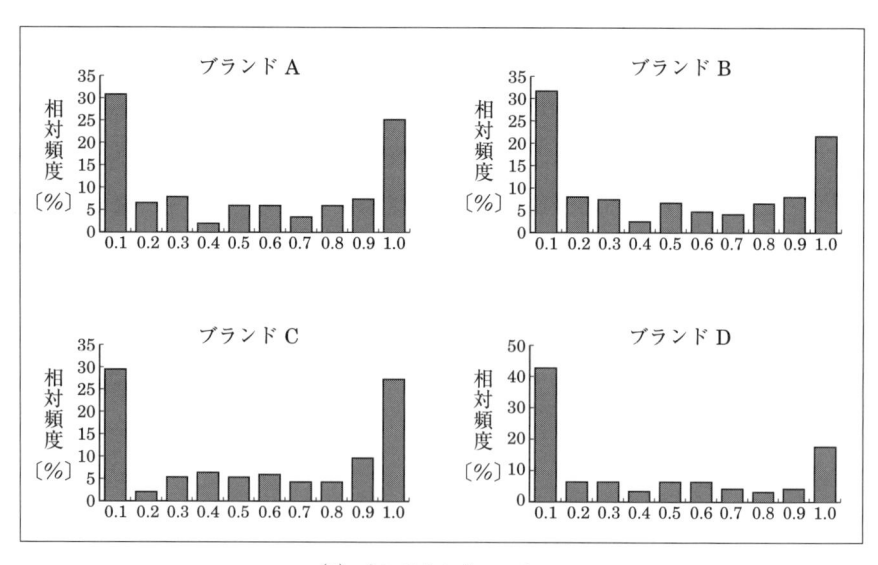

(2) インスタントコーヒー

図 3.9 メモリパラメータの分布

ブランド数：8
② インスタントコーヒー（ビデオリサーチ社提供データ）
パネル数：154世帯
購買件数：1,878件
ブランド数：5

　ここでは，カレールーのデータに対するメモリパラメータ推定値の消費者間の分布を，ブランド別にヒストグラムで表現した．そこではメモリパラメータの全領域ゼロから1までを10等分し，10個のセルに各家計のメモリパラメータ推定値を入れたヒストグラムを構成している．メモリパラメータの値が一番小さなセルの値は外的参照価格の傾向の強い消費者の頻度を意味し，メモリパラメータの値が一番大きいセルが内的参照価格の消費者の頻度を表していると理解する．ブランドごとに若干分布の形は異なるものの，いずれのブランドも真中のところ，つまり内的形成および外的形成を同じ程度に利用する人が一番少ないという事実が重要である．

　また，インスタントコーヒーのデータの結果についても同様に，5割以上の人は外的参照価格か内的参照価格かのいずれかに依存しており，このメモリパラメータの分布はブランドによっても異なる．総じてU型あるいはJ型をしていることが戦略を考える上で参考になりうる．例えばカレーのブランドDの場合のように，内的参照価格ブランド市場，つまり内的参照価格を形成する消費者が支配的なブランドや市場であれば，価格戦略のあり方としてはコンスタントなEDLP（Every Day Low Price）価格戦略よりもディスカウントと値上げを交互に繰返すHi-Low価格戦略のほうが最適であるという理論が存在する．また，外的参照価格の消費者が支配的な市場であれば，店頭の雰囲気やその場のプロモーションとしてのディスプレイや販促などによるクロス販売管理がより有効であることになる．

3.3.5 テレビ広告の効果を家計別に測定して広告管理をする―シングルソースデータを用いた広告効果測定と広告管理

日本の広告費は 2005 年で GDP の 1.18%,6 兆円近い経費が使われている非常に大きなマーケットであり,広告効果の測定と管理は企業にとって大変重要な問題である.広告媒体別には,マスコミ 4 媒体合計で 3 兆 6,760 億円であり,そのうちテレビ CM は 2 兆 436 億円を占める.

広告の役割は即時効果,長期効果あるいはブランド育成,想起維持など多様であり,目的としては知名,購買,ブランド比較やブランド育成などとされている.いずれにしても,定量的な判断なしには評価・管理ができないことは明らかである.

最後の事例として,前述のパネルデータに毎週の広告露出回数データが追加された広告シングルソースデータを用いて,広告の効果をブランド選択に基づいて評価する分析を紹介する [3.6, 3.9].

(1) 広告効果測定のベースモデル

広告効果測定のベースモデルとしては,消費者のブランド選択行動データが基礎データとなるので,次の効用関数モデルを利用する.

$$u_{jht} = A_{jht}(\rho_h)\alpha_h + M_{jht}\beta_h + \varepsilon_{jht},$$

ここで,ε_{jht}:誤差項(正規分布),M_{jht}:切片を含むマーケティング変数,$A_{jht}(\rho_h)$:広告変数,β_h:マーケティング変数の係数,α_h:広告係数.また,モデルの識別性条件のために,変数はすべて基準ブランド N からの差をとり,相対量として定義される.

右辺の M は広告以外の価格やプロモーションのマーケティング変数であり,A が広告変数で,基準ブランド N からの広告ストックの差 $A_{jht} = S_{jht} - S_{Nht}$ で定義される.広告は即時的な効果だけではなく,広告を見てそれが人々の心の中に蓄積されていくものという理解を反映させて,**広告ストック量** (S) を構成す

る.実際には,パネル家計ごとに毎週記録される広告を見た回数(広告露出回数)を過去から順次積み上げて構成するが,そのまま単純に合計してストックとするのではなく,古い広告を見たという情報をディスカウントするために,1より小さい正値の ρ_h(広告残存効果パラメータと呼ぶ)を乗じ,これも過去に遡るにつれて指数的に減衰するウェイト ρ_h^t をつけて,積み上げて広告ストックを構成する.上記の効用関数は A に関して線形であるが,パラメータに関しては ρ_h まで含めると双線形で非線形になることに注意する.

図3.11は,パネル家計ごとのパラメータ推定値のヒストグラムである.左側が α_h の家計間推定値の分布,右側が広告残存効果パラメータの家計間分布であり,いずれも安定した形をしておらず,左右対称でもない.このベースモデルに

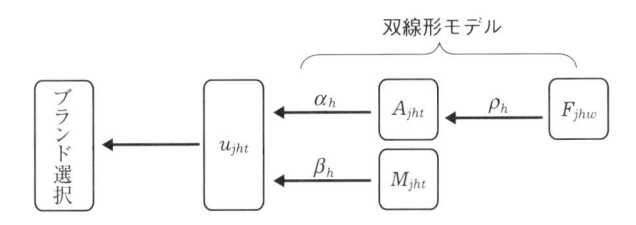

ベースモデル

ブランド選択 ← u_{jht} ← α_h ← A_{jht} ← ρ_h ← F_{jhw} (双線形モデル)
　　　　　　　　　　← β_h ← M_{jht}

F_{jhw}:w 期に家計 h がブランド j の広告に露出した回数
ρ_h:広告残存効果パラメータ

図3.10 広告効果測定ベースモデル

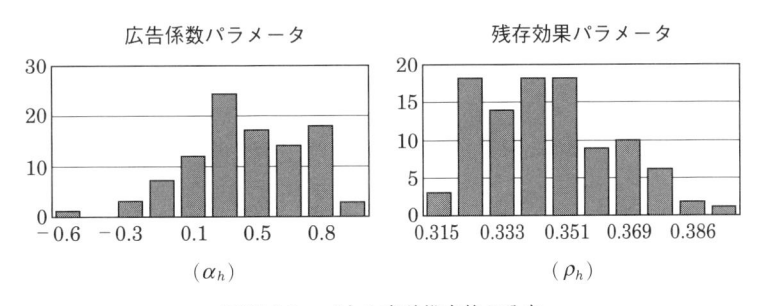

図3.11 パネル家計推定値の分布

おける異質性の扱いに関しては，広告の記憶を表す広告残存効果パラメータ ρ_h も，ブランドにより異なる（ρ_{jh}）モデリングも可能である［3.10］．

（2） 広告閾値モデル

次のモデルは Terui and Ban（2006a）［3.6］による広告閾値モデルであり，広告実務者が経験的にいう「広告の効果は一定量が消費者にストックされないと効果が出ない」とする経験則を反映したモデルである．S が広告ストックで，広告ストックがある水準 r よりも小さいときには効用関数に A という広告変数は入って来ないが，r を超えたときに広告変数が入ってくる閾値モデルである．ここで，r を**有効広告ストック水準**と呼び，これも一人ひとり違うというモデルを考えており，次式で定式化される．

$$u_{jht} = \begin{cases} M_{jht}\beta_h^{(1)} + \varepsilon_{jht}^{(1)}, & \text{if } S_{jht} < r_h \\ A_{jht}(\rho_{jh})\alpha_h + M_{jht}\beta_h^{(2)} + \varepsilon_{jht}^{(2)}, & \text{if } S_{jht} \geq r_h. \end{cases}$$

$A_{jht}(\rho_{jh})$：広告変数

M_{jht}：それ以外のマーケティング変数

A は，ρ の関数になっている双線形構造に加えて，効用関数の関数型を区分的に線形で近似しており，二重の意味で非線形モデルをなしている．また，このモ

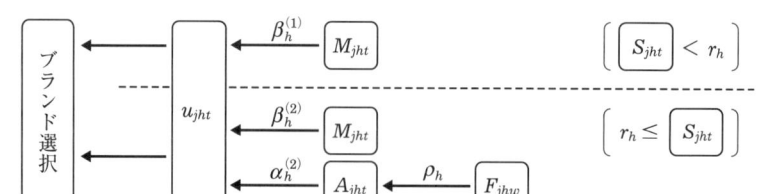

S_{jhw}：購買機会 t における，家計 h のブランド j に対する広告ストック

r_h：広告閾値パラメータ

図 3.12 広告閾値モデル

デルの統計的推測は，最尤法では非正則な理論が必要となるが，ベイズモデリングを利用すると大きな困難はない．

（3） TV広告管理モデル

最後に広告管理モデルを紹介する［3.9］．さきの広告効果測定モデルでは，広告ストックを構成するデータとして広告露出回数を利用しているが，実際に企業が管理できるのは露出回数ではなく，何回 CM を出すかという出稿回数である．いま，出稿回数を与件としたときに，ブランド選択まで到達するモデルを考える．そのためには，広告効果測定モデルに出稿に対する露出の効率を表す広告露出モデルを追加して，出稿回数を与件としたときの各パネル家計の露出回数を予測し，予測された露出回数に基づく広告効果を**条件付予測分布**という概念を利用して評価する．

①広告露出モデル

まず，広告露出確率モデルとして，二項分布

$$F_{jhw} : \text{Binomial}(N_{jhw}, p_{jh}) \text{ for } j=1,\cdots N,\ ; h=1,\cdots H$$

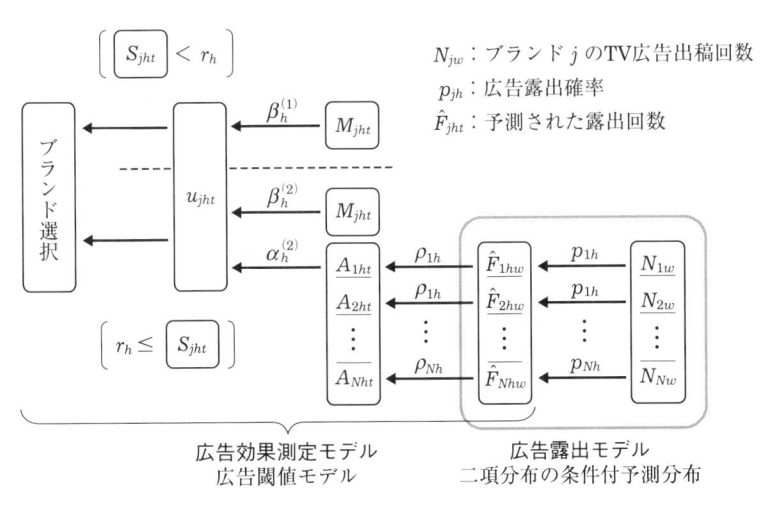

図3.13 TV広告管理モデル

を利用して尤度関数を構成する．また，異質な露出確率の階層モデルとして

$$p_{jh}^* = \ln\left(\frac{p_{jh}}{1-p_{jh}}\right) = Z_h \delta_j + \varphi_{jh}, \varphi_{jh} \sim N(0, \kappa_j), (0 \leq p_{jh} < 1).$$

を採用する．

②異質広告管理モデル

広告管理モデルでは，管理不能な露出回数（F）ではなく管理可能な出稿回数（N）を条件にした事後分布が必要である．これは，広告効果測定モデルを条件付予測分布で期待値をとることで得られる．

$$f(\{パラメータ\}|\{データ\}, \{N_{jw}^*\})$$
$$= E_{\{F_{jhw}^*\}|\{N_{jw}^*\}}[f(\{パラメータ\}|\{データ\}, \{F_{jhw}^*\})]$$

ここで条件付予測分布は，

$$g(\{F_{jhw}^*\}|\{N_{jw}^*\}, \{Adv\}) \propto g_1(\{F_{jhw}^*\}, \{p_{jh}\}|\{N_{jw}^*\}, \{Adv\})$$
$$= g_1(\{F_{jhw}^*\}|\{p_{jh}\}, \{N_{jw}^*\}, \{Adv\})g_3(\{p_{jh}\}|\{Adv\})$$

と表され，合成的乱数発生 $p_{jh} \sim g_3, F_{jhw}^* \sim g_2|p_{jh}$ により，上記の期待値計算は効率的に評価できる．ここで，{Adv}は広告データを意味する．

(a) 出稿量Nを変えたときの期待シェア変化（$k \times N_{1w}$）

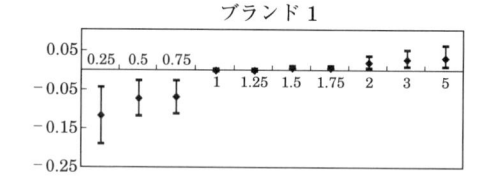

非対称な関数
広告出稿はシェアを伸ばすためよりも現状維持のために必要

(b) 比較期待シェア変化（ブランド1のみ変化）

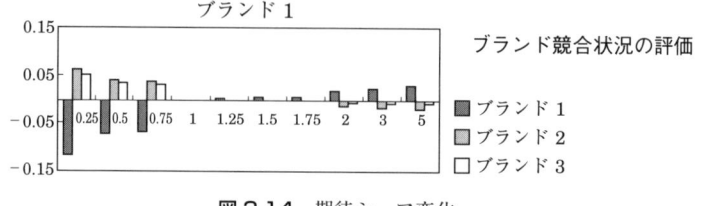

ブランド競合状況の評価
ブランド1
ブランド2
ブランド3

図3.14　期待シェア変化

図 3.14(a)は，出稿回数を変化させたときの期待シェア変化を表したものである．横軸の 1 のところが現状で，現状よりも 1/2，1/4 と出稿回数を減少させたり 1.25 倍，1.5 倍などと出稿量を増加させたときの期待シェア変化を表現している．この図から，出稿量の増減に対して非対称な評価関数になっており，この市場では広告出稿は，シェアを伸ばすためというよりもシェアの現状維持のために必要であること，さらにこのような広告の役割をブランドごとに個別に評価することが可能であることなどがわかる．図 3.14(b)は，比較する 3 ブランドに対して 1 番目のブランドの広告出稿量を変化させたときに，それが他のブランドの期待シェア変化にどう影響を与えているか，つまり競合関係をこのモデルで評価したものである．ブランド 2 および 3 が互いに競合しており，これらが最大シェアブランド 1 と対抗している様子が見てとれる．

図 3.15 は，広告の管理を消費者の属性面から評価したものである．まず，各家計の属性によって男性か女性か，また年齢が若いか高齢かという年齢と性別の軸をとって四つのセグメントで特徴的なパネル家計を抽出し，ブランド 1 の出稿量を変化させたときに各セグメントのブランド選択確率がどう変化するかを見たものである．図の意味は図 3.14(b)と同じである．

まず，期待シェア変化は広告出稿量の増減に関して非対称であることがわかり，これらのセグメントの市場でも，相対的に現状維持のために広告が機能していることが理解できる．例えば，一番変化の大きい左側を見ると，出稿量を大きく減少させたときに四つのバーは対応する各セグメントのシェアの減少分を表し

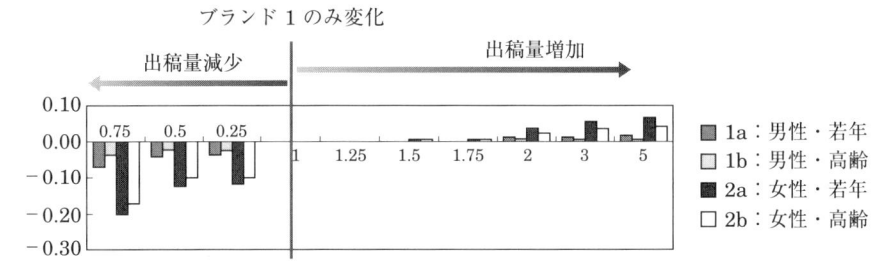

図 3.15 セグメント別期待シェア変化

ている．最も変化の小さいのが1b：男性・高齢者セグメントであり，このセグメントに対しては出稿量を減少させてもシェアはあまり変化しないことを意味し，高齢者男性向けの広告出稿減少によってコストを削減することがある程度できることを示唆している．広告費削減が必要な場合には，これらのセグメントが良く視聴する時間帯にはCMは出稿せず，またCMの作り方に関しても，このセグメントをあまり気にする必要はないということになる．その反対が2a：女性・若年の傾向が強いセグメントであり，この人たちの現状維持をしていくことは重要であり，彼女らに向けて出稿時間やCM作りをしっかりとしていく必要があることがわかる．

3.4　マーケティング分野で統計科学が期待されるもの

　POSやFSPなどのメンバーシップ制による個人の行動・属性データの捕捉により，自動的に一人ひとりの消費者の情報が企業側に集まっている状況にあり，大規模データからビジネスに有用な情報を取り出して実践することが競争戦略上の急務であると言われている．

　欧米，特にアメリカでは統計学部を卒業した学生がマーケティング分野で活躍の場を広げているが，残念ながらわが国の現状ではマーケティング分野への統計モデリングができる人材の供給源が限られており，企業内人材のみならずマーケティングの市場調査やコンサルティングの分野でも外資系が日本市場を席巻しているのが現況である．一見，他分野からの参入というのは難しいように見えるが，マーケティングの目的は，利益，売上，シェアなどの最大化ならびに資源の効率的利用などわかりやすいものであり，統計科学がさらに積極的に関与して新たなツールを開発する土俵としては有望な分野であると考えている．

参考文献

[3.1] R. シュレイファー（関谷訳）『意思決定の理論』東洋経済新報社，1969

[3.2] D. Kahneman and A. Tversky, "Prospect theory : an analysis of decision under risk", *Econometrica*, Vol. 47, pp. 263-291, 1979

[3.3] N. Terui and W.D. Dahana, "Estimating Heterogeneous Price Thresholds", *Marketing Science*, Vol. 25, pp. 384-391, 2006a

[3.4] N. Terui and W.D. Dahana, "Price customization using price thresholds estimated from scanner panel data", *Journal of Interactive Marketing*, Vol. 20, pp. 58-71, 2006b

[3.5] W.D. Dahana and N. Terui, "Heterogeneous Consumer's Reference Price Formation", *Proceedings of International Workshop on Bayesian Statistics and Applied Econometrics*, pp. 105-114, 2006

[3.6] N. Terui and M. Ban, "Modeling Heterogeneous Effective Advertising Stock Using Single-Source Date", presented at *The Frank M. Bass Conference for Marketing Science* (University at Texas, Dallas) 2006

[3.7] P.E. Rossi, R. McCulloch and G. Allenby, "The value of purchase history data in target marketing", *Marketing Science*, Vol. 15, pp. 321-340, 1996

[3.8] N. Terui and Y. Imano, "Forecasting model with asymmetric market response and its application to pricing in consumer package goods", *Applied Stochastic Models in Business and Industry*, Vol. 21, pp. 541-560, 2005

[3.9] N. Terui and M. Ban, "A Model for TV Advertising Management with Heterogeneous Consumer by Using Single Source Data", *Proceedings of International Workshop on New Directions of Research in Marketing*, pp. 202-218, 2006b

[3.10] 伴　正隆，照井伸彦「消費者異質性の下でのブランド別広告残存効果と広告長期効果の測定」マーケティングサイエンス，Vol. 15, No. 1, 2007（掲載予定）

第4章

井元清哉

ベイズモデルによる遺伝子制御ネットワークの推定

　本章では，マイクロアレイによって計測された遺伝子発現プロファイルデータを用いた遺伝子ネットワークの推定法を紹介する．最初に，マイクロアレイ遺伝子発現プロファイルデータの説明からはじめ，ベイジアンネットワークによる遺伝子ネットワーク推定方法の数理的背景について紹介する．次に，マイクロアレイデータとDNA配列情報，タンパク質間相互作用などの多様な生物学的情報を統合し活用するためのベイズ的アプローチについて解説する．最後に，実際の適用例として，遺伝子ネットワーク推定戦略に基づく創薬ターゲット遺伝子のイン・シリコ探索について紹介する．

4.1　バイオインフォマティクスと計測データ

4.1.1　バイオインフォマティクス

　本章のテーマは，ベイズモデルによる遺伝子制御ネットワークの推定であり，目では見ることのできない細胞の中に広がる世界の話である．

　まず，バイオインフォマティクスという学問分野について説明する．バイオインフォマティクスとは1990年代の初頭から用いられている造語であり，バイオロジーとインフォマティクス，つまり生物学と情報科学の境界領域ということになっている．1990年代初頭というのは，国際的にヒトゲノム計画，つまりヒトゲノムの配列を決めようという計画がスタートした頃とちょうど同時期である．このような背景もあり，巨大な科学となった生物学において生成される大量な計

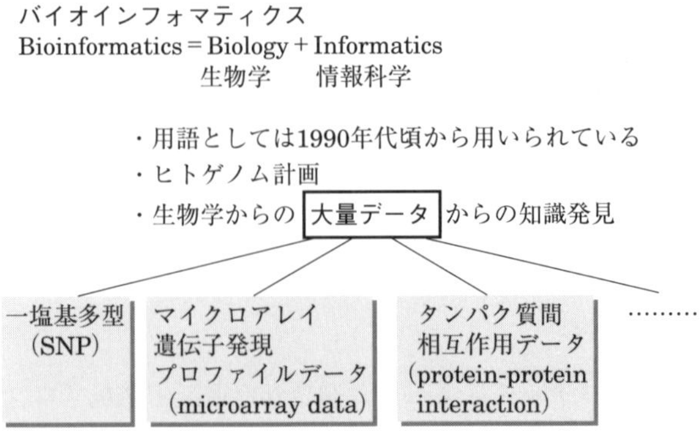

```
              バイオインフォマティクス
              Bioinformatics = Biology + Informatics
                            生物学      情報科学
              ・用語としては1990年代頃から用いられている
              ・ヒトゲノム計画
              ・生物学からの 大量データ からの知識発見
```

```
  一塩基多型    マイクロアレイ    タンパク質間
   (SNP)      遺伝子発現       相互作用データ      ………
            プロファイルデータ   (protein-protein
            (microarray data)   interaction)
```

図 4.1 バイオインフォマティクスについて

測データからの知識発見を行うことが，バイオインフォマティクスに求められている．

「大量の計測データ」と簡単に書いたが，バイオインフォマティクスで取り扱う生物学・生命科学のデータには様々な種類のものが存在する．図 4.1 にその例を三つだけあげたが，それらについて簡単に説明する．

4.1.2　SNPデータ

最初にあげたものは一塩基多型のデータであり，Single Nucleotide Polymorphisms の頭文字をとって SNP（スニップ）と呼ばれる．例えば，ある人の DNA のある部分を見たとき，ATTGGT であったとする．また，別の人の DNA の同じ部分を見たとき，ATGGGT であったとする．このとき，下線を付した 3 番目の塩基が両者で異なっていることが見て取れる．もし，この 3 文字目が G の人はある疾患に罹患するリスクが高いということであれば，この SNP は疾患関連の SNP であるといえる．つまり，人の個人差を表すような情報である．人間同士であれば DNA の 0.1% くらい，つまり 1,000 文字に 1 文字くらいは違うという知見が得られている．

図 4.2 の Web ページは，Japanese Single Nucleotide Polymorphism（JSNP）

4.1 バイオインフォマティクスと計測データ

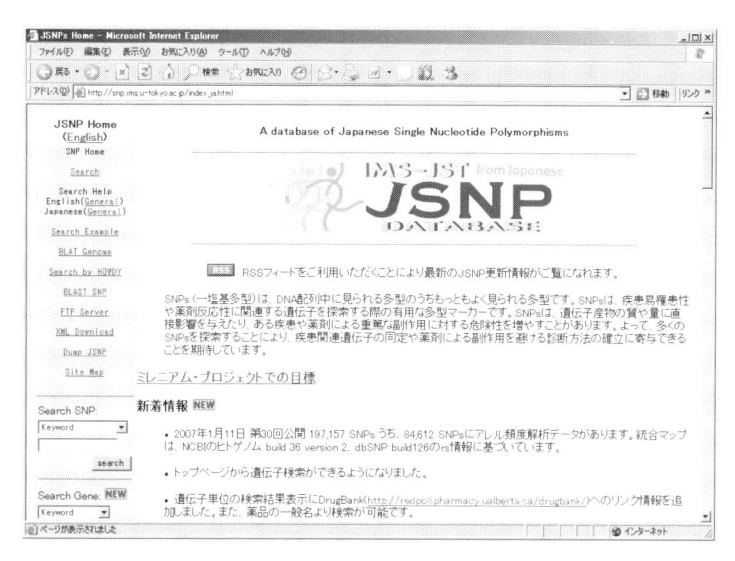

図 4.2 JSNP データベース (http://snp.ims.u-tokyo.ac.jp/index_ja.html)

データベースのトップページである．この JSNP データベースは，2000 年から行われたミレニアムプロジェクトの一環として整理され，現在約 20 万箇所の SNP の情報が集められている．

4.1.3 タンパク質間相互作用データ

次にあげたものは，マイクロアレイ遺伝子プロファイルデータとよばれるデータである．マイクロアレイデータに関しては，後で詳しく説明する．

三つ目にあげたものは，タンパク質間相互作用データである．ヒトは約 3 万の遺伝子を持っていると予想されている．この遺伝子という DNA の部分の定義は，その部分からタンパク質が合成されるというものである．すると，約 3 万の遺伝子がヒトの DNA に存在するので，ヒトの体は約 3 万種類のタンパク質によって形成されているものと予想されるが，実は 10 万種類以上のタンパク質によって我々の体は作られている．自分単独で何らかの役割を担うタンパク質ももち

ろんあるが，多くのタンパク質は他のタンパク質と結合し，タンパク複合体として細胞内で機能する．このタンパク質間相互作用データは，あるタンパク質とあるタンパク質が結合するか否かを実験的に調べたデータである．Yeast Two Hybrid 法など高速に調べる方法も開発されているが，10 万タンパク質対 10 万タンパク質を総当たりで調べることは不可能である．したがって，興味のあるタンパク質や，重要であることがわかっているタンパク質から徐々に実験を広げていくという戦略が現状では一般的である．また，Yeast Two Hybrid 法によってあるタンパク質とあるタンパク質が結合することが示唆されても，実際に生体内でこれらのタンパク質が結合するか否かは保証されない．加えて，この実験自体にノイズもある．

4.1.4　マイクロアレイデータ

それでは，本章で主に用いるマイクロアレイデータについて説明する．まず最初に，マイクロアレイデータは何を観測しているのかということについて簡単に説明する．

我々の体の中にある DNA には，遺伝子と呼ばれる領域が 3 万個程度あると予想されていると述べた．その遺伝子と呼ばれる領域をひな形として，タンパク質は合成される．遺伝子領域からタンパク質が合成されるプロセスは，大きくは二つのステップからなる．図 4.3 は，DNA 上の遺伝子領域からタンパク質が合成される様子を表した模式図である．まず，遺伝子領域はメッセンジャー RNA へとその情報がコピーされる．メッセンジャー RNA とは，遺伝子領域のエクソンとよばれる領域が繋がった一本鎖の塩基配列である．遺伝子領域をメッセンジャー RNA にコピーするこのプロセスは，転写と呼ばれる．

次のステップでは，メッセンジャー RNA がタンパク質に変換される．このプロセスは翻訳と呼ばれる．こうして生成されたタンパク質が，我々の体を形成する役割を担う．そこで，遺伝子が我々の体の中で働いているか否かは，遺伝子をひな形としてタンパク質が生成されているか否かを観測すれば良いということに

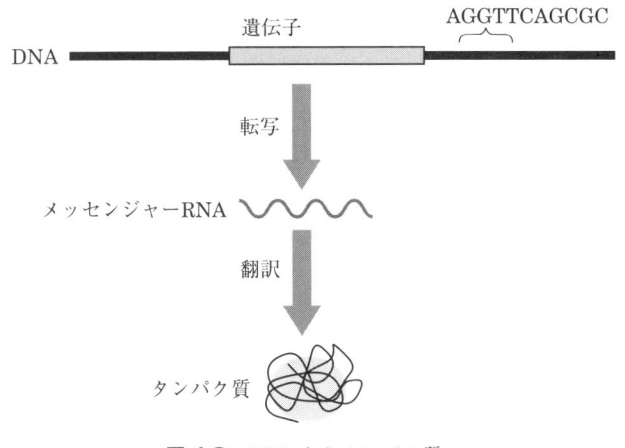

4.1 バイオインフォマティクスと計測データ

```
DNA ━━━━━━[ 遺伝子 ]━{AGGTTCAGCGC}━━━
              ↓ 転写
メッセンジャーRNA 〜〜〜
              ↓ 翻訳
タンパク質 ◯
```

図 4.3 DNA からタンパク質へ

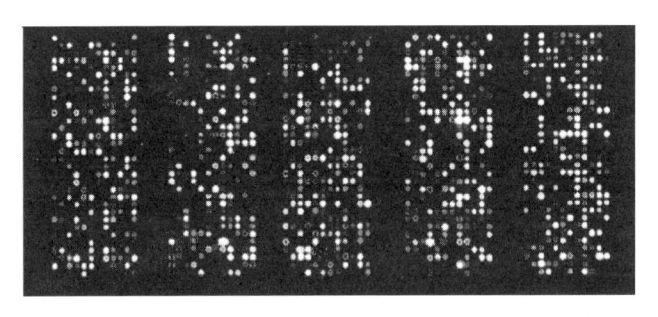

図 4.4 cDNA マイクロアレイデータのイメージ（口絵 4）

なる．しかしながら，数万のタンパク質についてそれらが細胞内にどの程度存在するかを一度に調べることは，実験上とても困難なことである．そこでタンパク質の前の状態，つまりメッセンジャー RNA の量を計測したものがマイクロアレイデータである．図 4.4 の写真は，マイクロアレイデータのスナップショットである．この写真の見方について説明する．

一つの丸（スポットとよばれる）が一つの遺伝子に対応し，その色によりメッセンジャー RNA をどの程度生成しているかという状態を表す．具体的に例をあげて説明する．まず，興味のあるサンプル細胞と，それと比較したいリファレン

ス細胞の2種類の細胞を用意する．例えば，サンプル細胞としてはある癌の細胞を用意し，リファレンス細胞としては正常細胞を用意する．それぞれの細胞からメッセンジャー RNA を抽出し，サンプル細胞からの RNA には Cy5 という蛍光色素を，リファレンス細胞からの RNA には Cy3 という蛍光色素を付与する．マイクロアレイ上の各スポットには，それぞれの遺伝子から抽出されて蛍光色素を付けられた RNA と相補的な配列をした RNA が貼り付けられているため，それらは電気的に引き合い，2本鎖の RNA を形成する．相補的な配列というのは，A に対しては T，G に対しては C を対応させる配列である．例えば，蛍光色素が付けられた RNA の配列が ATTGGCC の部分には，cDNA では TAACCGG という配列が対応するスポット上に準備される．つまり，各スポットには特定の蛍光化された RNA のみが固定されることとなる．その後，スキャナにより各スポット中の Cy3，Cy5 の量を計測し，その量に応じてそれぞれ緑，赤色を付けると，図4.4のイメージが得られる．したがって，赤に見えるスポットに対応する遺伝子は，サンプル細胞ではメッセンジャー RNA を生成しているが，リファレンス細胞では生成していない遺伝子であり，緑に見えるスポットに対応する遺伝子はその逆である．黄色に見えるスポットに対応する遺伝子は両細胞で共にメッセンジャー RNA を生成しており，黒く見えるスポットに対応する遺伝子は両細胞のいずれにおいてもメッセンジャー RNA を生成していないことがわかる．

解析手法を説明するための記号を少し準備する．上で説明したマイクロアレイによって，p 個の遺伝子の発現量を計測したとする．つまり，マイクロアレイ上には p 個のスポットがある．いま，j 番目の遺伝子に注目する．j 番目の遺伝子のスポットにおける Cy3，Cy5 の量をそれぞれ c_j，s_j と表すと，その対数比，

$$x_j = \log \frac{s_j}{c_j}$$

を j 番目の遺伝子の発現データとみなす．対数は底を2とすることが多い．本来は，対数比を計算する前に正規化とよばれる処理を $(c_j, s_j), j=1, \cdots, p$ に施す．これは，スキャナの設定により Cy3，Cy5 の感度が異なることに起因するバイ

アス，蛍光色素の劣化速度が Cy3，Cy5 で異なることに起因するバイアス，スポット位置によるバイアスを調整する目的がある．マイクロアレイデータの正規化については，参考文献 [4.1] を参照いただきたい．また，私の Web ページ (http://bonsai.ims.u-tokyo.ac.jp/~imoto/index_j.htm) に私が書いた日本語の資料がある．

いま説明したマイクロアレイは，遺伝子の発現状態を Cy3，Cy5 という二つの蛍光色素を使用し，リファレンス細胞に対するサンプル細胞での発現の相対量として計測したものである．このマイクロアレイデータは，cDNA マイクロアレイデータと呼ばれる．

4.2 マイクロアレイデータによる遺伝子ネットワークの推定

4.2.1 遺伝子ネットワークとは

我々の研究の目的は，マイクロアレイデータに基づき遺伝子制御ネットワークを推定することである．本節では，遺伝子制御ネットワークについて説明する．

さきほど，遺伝子からメッセンジャー RNA が生成され，それがタンパク質へと翻訳されると説明した．こう言ってしまうと，各遺伝子は独立にその作業を行っているかのように思われるかもしれない．しかしながら，実際は各遺伝子の活動は独立ではない．必要なときに必要な量のメッセンジャー RNA を生成し，タンパク質を作る必要がある．そのためのシステムを遺伝子たちは有している．

図 4.5 は，遺伝子発現制御の模式図である．まず，右の図から説明する．この図は，Gene1 が Gene2，Gene3，Gene4 を制御していることを表すグラフ表現である．このグラフ表現が実際の遺伝子発現制御に対してどのような意味を持つのかを表したのが左の図である．Gene1 からメッセンジャー RNA が生成され，それがタンパク質に翻訳される．そのタンパク質が Gene2，Gene3，Gene4 の遺伝子領域の上流（プロモータ領域とよばれる）に存在する結合配列（制御配列など

図 4.5 遺伝子制御の模式図

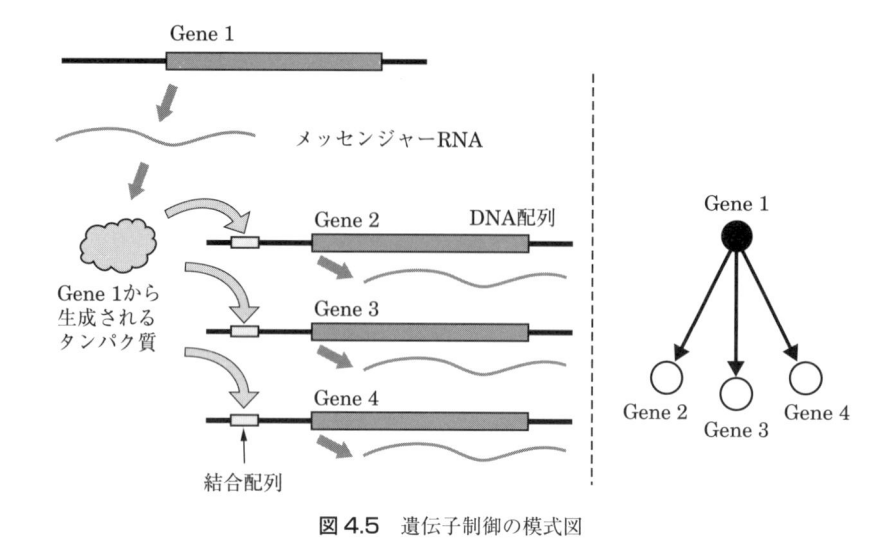

ともよばれる）に結合することで Gene2, Gene3, Gene4 は転写を開始し, メッセンジャー RNA を生成する. 我々は, このネットワークを遺伝子ネットワークと呼び, マイクロアレイデータに基づいて推定することを目的とする.

4.2.2 遺伝子ネットワークの推定

それでは, マイクロアレイデータを用いた遺伝子ネットワーク推定について問題を定式化する. いま, 我々は p 個の遺伝子について着目しているとする. つまり, 出芽酵母全遺伝子では $p \approx 6,000$, 出芽酵母の細胞周期に関わる遺伝子に制限すると $p \approx 800$, ヒト全遺伝子では $p \approx 30,000$ となる. 次に, 各遺伝子が生成するメッセンジャー RNA の量を確率変数とみなす. つまり, ある状況下で Gene1 から生成されるメッセンジャー RNA の量は, 確率変数 X_1 の実現値であると考える. マイクロアレイデータは, ある状況下でこれら p 個の確率変数の実現値を計測したデータとみなされる. 様々な状況においてマイクロアレイデータを計測することで, マイクロアレイデータはデータ行列として表現することができる.

4.2 マイクロアレイデータによる遺伝子ネットワークの推定

		マイクロアレイデータ			
遺伝子	確率変数	実験条件 1		...	実験条件 n
Gene 1	X_1	$\sim$	X_{11}	X_{21}	...	X_{n1}
Gene 2	X_2	$\sim$	X_{12}	X_{22}	...	X_{n2}
⋮	⋮	⋮	⋮	⋮	⋱	⋮
Gene p	X_p	$\sim$	X_{1p}	X_{2p}	...	X_{np}

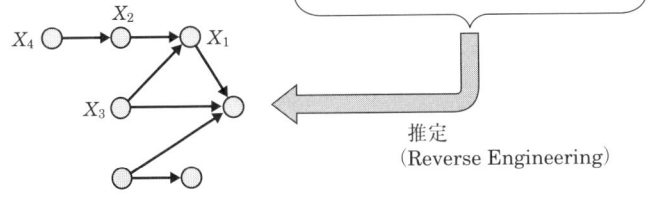

推定 (Reverse Engineering)

図 4.6 遺伝子ネットワーク推定問題

図 4.6 では，n 種の状況下においてマイクロアレイデータが計測されているため，データ行列のサイズは $p \times n$ となる．ただし，図 4.6 のテーブル中では x の添え字の行と列を通常とは入れ替えて記述している．この表記を用いて，マイクロアレイデータ行列を $D = (x_{ij})_{1 \leq i \leq n; 1 \leq j \leq p}$ と定義する．このマイクロアレイデータ行列からデータが生成された背景にある遺伝子間の依存関係を推定することが，研究の目的である．元々マイクロアレイデータは，この依存関係を有するシステムに基づいて生成されており，我々はデータからのリバースエンジニアリングを行うことになる．

データ行列から確率変数間の依存関係を表す確率グラフ，いわゆるグラフィカルモデルとしては，様々な数理モデルが提案されている．バイオインフォマティクス分野，特にマイクロアレイデータから遺伝子ネットワークを推定するモデルとしては，ブーリアンネットワーク，ベイジアンネットワーク，グラフィカルガウシアンモデルなどが提案されており，時系列に観測されたマイクロアレイデータに対しては常微分方程式に基づくモデルや状態空間モデルを用いた方法などが提案されている．本章では，その中でも特にベイジアンネットワークを用いた遺

伝子ネットワーク推定法について説明する．

4.2.3　ベイジアンネットワークとノンパラメトリック回帰モデル

　さきほど説明したように，遺伝子から生成されるメッセンジャー RNA の量を確率変数からの実現値とみなす．また，確率変数間には非閉路有向グラフで表される依存関係があるとする．非閉路とは，ある遺伝子から矢印の向きにパスをたどっても，自分自身に戻ってくるような経路は存在しないということである．遺伝子ネットワークの構造を非閉路有向グラフに限るという制約は，決して小さいものではない．実際，遺伝子ネットワークにはフィードバック制御が存在する．例えば，ショウジョウバエで発見されたサーカディアンリズムのダブルフィードバックなどが有名である．したがって，いま考えているモデルは，実際の状況からは逸脱したモデルであると言える．この非閉路有向グラフの構造とノード間の依存関係にマルコフ連鎖律を仮定することで，同時確率は各確率変数に対して，その直接の親確率変数集合を与えた下での条件付確率の積によって表現される分解が，ベイジアンネットワークにおいて本質的である．

　図 4.7 にベイジアンネットワークによる同時確率の分解を説明する．いま，p 個の遺伝子があり，対応する確率変数をそれぞれ $\{X_1, \cdots, X_p\}$ と表す．この確率変数間に非閉路有向グラフ G により表される依存関係があるとする．このとき，G の構造に基づいた同時確率の分解

$$\Pr(X_1, \cdots, X_p) = \prod_{j=1}^{p} \Pr(X_j | Pa(X_j))$$

を得る．ここで $Pa(X_j)$ は，グラフ G における X_j の直接の親確率変数の集合である．例えば，図 4.7 では遺伝子 3 に対しては遺伝子 1 が直接の親であるので，

$$Pa(X_3) = \{X_1\}$$

となる．

　マイクロアレイデータは，連続的な量である．したがって，確率測度で書かれ

4.2 マイクロアレイデータによる遺伝子ネットワークの推定

ベイジアンネットワーク
確率変数：$\{X_1, \cdots, X_p\}$
非閉路有向グラフ：G
同時確率の分解：
$$\Pr(X_1, \cdots, X_p) = \prod_{j=1}^{p} \Pr(X_j | Pa(X_j))$$
ただし，$Pa(X_j)$ は G 上での X_j の直接の親
$\Pr(X_j | Pa(X_j)) \Rightarrow f_j(x_{ij} | pa_{ij}, \theta_j)$

(例) $Pa(X_3) = \{X_1\}$

i 枚目のマイクロアレイ

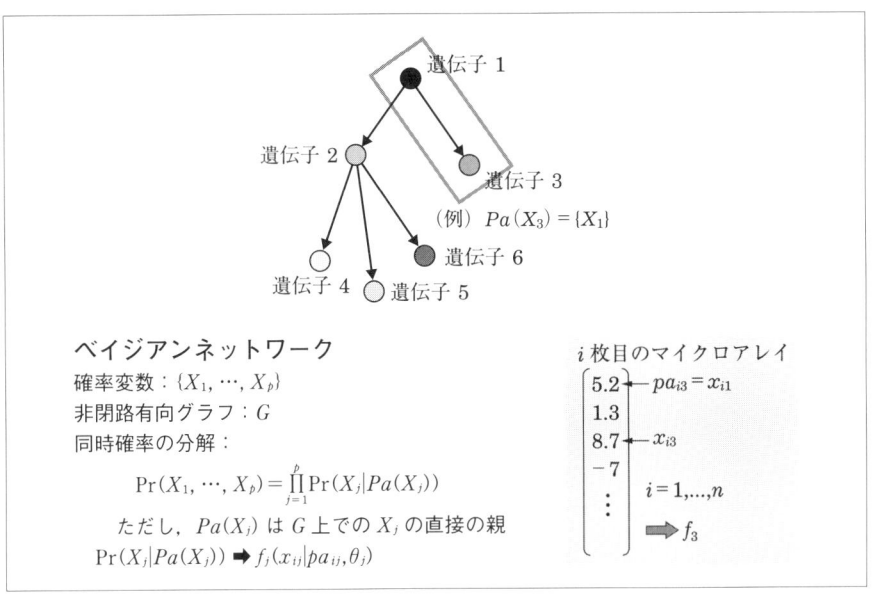

図 4.7 ベイジアンネットワーク．非閉路有向グラフとマルコフ性による同時確率の分解

た上の分解を，各確率変数の親確率変数所与の下での確率密度関数の積で書き直す．つまり，

$$f(\boldsymbol{x}_i) = \prod_{j=1}^{p} f_j(x_{ij} | pa_{ij})$$

と書ける．ここで，pa_{ij} は i 番目のマイクロアレイによって観測された j 番目の遺伝子の親遺伝子の発現値となる．例えば図 4.7 では，遺伝子 3 に対して遺伝子 1 が親遺伝子となるので，$pa_{i3} = (x_{i1})$ である．したがって，ベイジアンネットワークを用いた遺伝子ネットワーク推定問題は，条件付密度関数 f_j の構築に帰着される．この問題は，本質的には pa_{ij} 所与の下で x_{ij} の確率分布を推定する回帰分析の問題となる．

いま，$Pa(X_j)$ が与えられた下での X_j の密度を f_j と表す．つまり，

$$X_j | \{Pa(X_j) = pa_{ij}\} \sim f_j$$

とする．このとき，条件付密度関数 $f_j(x_{ij} | pa_{ij})$ の推定は，回帰モデルの構築にほかならない．この問題に対して最も基本的なモデルは，正規線形回帰モデルだと

思われる．つまり，X_j には q_j 個の親があり，それらの i 番目のデータを $pa_{ij}=(pa_{i1}^{(j)}, \cdots, pa_{iq_j}^{(j)})^t$ としたとき，

$$x_{ij}=\beta_{0j}+\beta_{1j}pa_{i1}^{(j)}+\cdots+\beta_{q_j j}pa_{iq_j}^{(j)}+\varepsilon_{ij}$$

と仮定したモデルである．ここで，$\varepsilon_{ij}(i=1, \cdots, n)$ は互いに独立に平均 0，分散 σ_j^2 の正規分布に従うノイズである．しかしながら，各遺伝子が生成するメッセンジャー RNA 同士の関係が線形である保証はない．そこで，モデルにおける線形性の仮定を緩め，ノンパラメトリック回帰に基づいて遺伝子間の非線形関係を捉える方法が考えられる．つまり，加法型ノンパラメトリック回帰モデル

$$x_{ij}=m_{j1}(p_{i1}^{(j)})+\cdots+m_{jq_j}(p_{iq_j}^{(j)})+\varepsilon_{ij}$$

を用い，$f_j(x_{ij}|pa_{ij})$ を構築する．ここで，$m_{jk}(\cdot)(k=1, \cdots, q_j)$ は $\mathcal{R}$ から $\mathcal{R}$ への滑らかな関数であり，B-スプラインによる基底関数展開法により構築する．つまり，

$$\{b_{1k}^{(j)}(\cdot), \cdots, b_{M_{jk}k}^{(j)}(\cdot)\} \quad (k=1, \cdots, q_j)$$

を既知の B-スプライン基底関数としたとき，$m_{jk}(p)=\sum_{s=1}^{M_{jk}}\gamma_{sk}^{(j)}b_{sk}^{(j)}(p)$ とする．基底関数の一次結合により，様々な関数を構成するための方法である．ここで，$\gamma_{sk}^{(j)}(s=1, \cdots, M_{jk})$ は係数パラメータである．このノンパラメトリック回帰モデルを用いると

$$f_j(x_{ij}|pa_{ij}, \theta_j)=\frac{1}{\sqrt{2\pi\sigma_j^2}}\exp\left[-\frac{\{x_{ij}-\sum_k\sum_s\gamma_{sk}^{(j)}b_{sk}^{(j)}(p_{ik}^{(j)})\}^2}{2\sigma_j^2}\right]$$

となることがわかる．θ_j はパラメータベクトルであり，$\gamma_{sk}^{(j)}, \sigma_j^2$ を含む．B-スプラインによるパラメトリック回帰については，参考文献 [4.2, 4.3] 等を参照されたい．

4.2.4　ネットワークの構造推定

前節で定義したベイジアンネットワークモデルを用いて遺伝子ネットワークを推定する際，次に考えなくてはならない問題はグラフ構造の選択である．グラフ

構造が決まれば，あとのモデリングはノンパラメトリック回帰を用いて行えるという流れとなる．本節では，グラフ構造の推定法について説明する．

グラフ構造 G を変えるということは，各 X_j に対して $Pa(X_j)$ が変わるということである．したがってこの問題は，どのような $Pa(X_j)$ が X_j を予測するために良いのかを探る，回帰分析における共変量の選択問題と本質的に同等である．このような共変量選択の問題を，グラフ構造 G が閉路を持たないという制約の下で解く必要がある．ここでは，マイクロアレイデータ D が与えられた下でのグラフ構造 G の事後確率最大化に基づいて，グラフ構造を選択することとする．つまり，グラフ構造 G の事後最大確率（Maximum *a posteriori*）MAP 解を求める．

図 4.8 に，遺伝子ネットワークの構造推定に関してまとめた．グラフ構造の事後確率は，周辺尤度とグラフ構造の事前確率の積に比例するということが，簡単な計算によってわかる．

我々は，ラプラス近似によって周辺尤度を計算する方法を，2002 年に発表した論文 [4.4] で用いている．まず，周辺尤度に関して図 4.9 に従い整理する．条件付密度のモデルとしてノンパラメトリック回帰モデルを用い，その平均構造は B-スプラインを用いて構築する．次に，パラメータの事前分布に関しては平滑化事前分布を用いる．つまり各平均関数としては，ある程度滑らかな構造を仮定

ネットワークの構造推定

D：マイクロアレイデータ，G：ネットワーク構造

MAP 解　$\hat{G} = \arg\max p(G|D)$

事後確率　$p(G|D) = \dfrac{p(D|G)p(G)}{p(D)} \propto p(D|G)p(G)$

周辺尤度　$p(D|G) = \int p(D|\theta, G)p(\theta|G)d\theta$

　　　　　　　　　　ラプラス近似により計算

事前確率 $p(G) = $ 生物学的知識，他のデータを用いた構成

図 4.8 グラフ構造 G の推定

している．このとき，平滑化事前分布に含まれるハイパーパラメータ λ の設定が問題となる．このハイパーパラメータは，平滑化スプラインを用いたノンパラメトリック回帰では平滑化パラメータ（smoothing parameter）と呼ばれる．ここでは，ハイパーパラメータの値の選択は，周辺尤度の最大化に基づいて行う．ここで，周辺尤度はハイパーパラメータ λ の関数となることに注意が必要である．周辺尤度を最大化するハイパーパラメータの値を代入することで，周辺尤度の値を求めるという流れとなる．これは，経験ベイズの標準的な方法である．

次に，グラフ構造の事前分布 $p(G)$ について説明する．もし，グラフ構造に関して先験的知識がなければ，すべてのグラフ構造は等確率と見なし，無情報事前分布を仮定するのが自然と思われる．しかしながら，ネットワークの構造に対してまったく情報がないわけではない．また，遺伝子ネットワークを推定するために用いることのできる情報は，マイクロアレイデータだけではない．我々の研究グループはその点に注目し，生物学的な知識・知見を用いて遺伝子ネットワークの情報事前分布を構築し，グラフ構造の推定に用いるための研究を行っている．

周辺尤度　$p(S|G) = \int p(D|\theta, G) p(\theta|G) d\theta$

モデル　$p(D|\theta, G)$

　　加法型ノンパラメントリック回帰　$x_j = m_a(x_a) + \cdots + m_c(x_c) + \varepsilon_j$

　　B-スプライン　$m(x_k) = \sum_{j=1}^{M} \gamma_j b_j(x_k)$

事前分布　$p(\theta|G)$

　　平滑化事前分布　$p(\gamma|\lambda) \propto \exp\{-\lambda \sum (\gamma_j - 2\gamma_{j-1} + \gamma_{j-2})^2\}$

周辺尤度　$p(D|G) = L(\lambda|G)$

$\hat{\lambda} = \arg\max L(\lambda|G)$,　$p(D|G) = L(\hat{\lambda}|G)$

　Imoto et al. (2002) *Pac. Symp. Biocomput.*, **7**, 175-186.
　Imoto et al. (2003) *J. Bioinform. Comp. Biol.*, **1**, 231-252.

図 4.9　周辺尤度の計算について

4.2.5 生物学的知識の併用

図4.10は，遺伝子ネットワーク推定のために利用できる事前知識の一例として，結合配列情報を示したものである．左の図は，Gene2，Gene3，Gene4の上流領域にGene1から生成されるタンパク質が結合する配列があるが，Gene5の上流配列にはその配列はないことを示している．すなわち，Gene2，Gene3，Gene4はGene1から制御を受けうるが，Gene5がGene1から影響を受けるという積極的な事前情報はない．まとめると，Gene1から制御を受けるか否かに対して，Gene2，Gene3，Gene4は情報あり，Gene5は情報なしとなる．そこで，Gene1→Gene2，Gene1→Gene3，Gene1→Gene4の三つの枝にはζ_1という値を与え，Gene1→Gene5にはζ_2という値を与える．ここで，$0<\zeta_1<\zeta_2$とする．このζ_1とζ_2という二つの値を用い，Gene1からGene5の五つの遺伝子から成るグラフの構造に関する事前確率を

$$p(G) = \frac{1}{Z} \prod_{\substack{i,j \\ e(i,j) \in G}} \exp\{-\zeta_{\alpha(i,j)}\}$$

と定義する．ここで，$e(i,j)$は遺伝子i→遺伝子jの有向枝を表し，$\alpha(i,j)$は各枝の事前情報により1か2を返す関数である．もし同じ数の枝を含むネットワークが複数あったとき，事前情報のあるζ_1という値を割り当てられた枝をより多く持つネットワークがより高い事前確率となる．

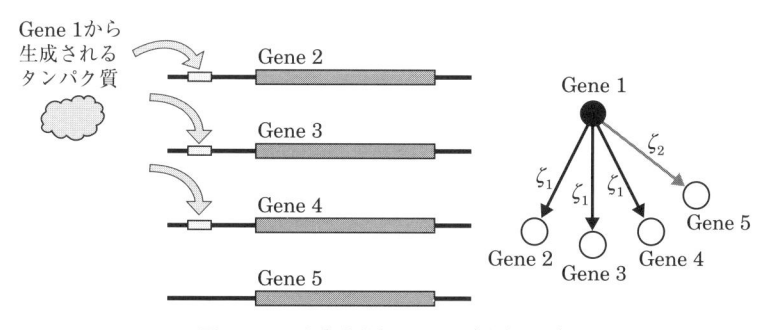

図4.10 生物学的知識の例（結合配列）

この枠組みは，様々な局面でその有効性が示されている．マイクロアレイデータから遺伝子ネットワークを推定する実際の場面では，数百から千程度の遺伝子からなるネットワークの推定を，百から数百枚のマイクロアレイデータから行う必要がある．本稿の最後の例で紹介する遺伝子ネットワークの推定例では，270枚のマイクロアレイデータを用いて1,192個の遺伝子からなるネットワークを推定している．また，最近我々が行った解析では，約400枚のマイクロアレイデータから約500遺伝子のネットワークを推定した．つまり，モデルのマイクロアレイデータへの過適合を回避し，より有効に不足している情報をネットワーク推定に利用できる枠組みが必須となる．さきほど説明した枠組みは汎用性が高く，様々な種類の生物学的知識を統合することができる．

図4.11は，これまでに我々の研究グループが事前確率を構成するために用いた様々な生物学的知識をまとめたものである．2003年にこの一般的な枠組みを提案し，遺伝子ネットワーク推定に利用できる様々な生物学的知識を整理して，その有効性を示した．個々の生物学的知識を用いたより詳細な解析例としては，さきほど紹介した結合配列を用いた解析法を2003年に提案した．しかしながら，2003年においては結合配列情報が十分に多くなかったため，結合配列探索法と

異種データの統合

事後確率　$p(G|D) = \dfrac{p(D|G)p(G)}{p(D)} \propto p(D|G)p(G)$

事前確率　$p(G)$ ←生物学的知識，他のデータを用いた構成
　一般的枠組み : Imoto et al. (2003) J. Bioinform. Comp. Biol.
　統合配列 : Tamada et al. (2003) Bioinformatics
　タンパク質間相互作用 : Narial et al. (2004) PSB
　Narial et al. (2005) Bioinformatics
　進化情報 : Tamada et al. (2005) J. Bioinform. Comp. Biol.
　データベース : Imoto et al. (2006) Statistical Methodology
　遺伝子ノックダウン : Imoto et al. (2006) PSB

情報事前分布➡発現データへの過適合を回避

図4.11 グラフ構造の事前分布による異種データの統合と過適合の回避

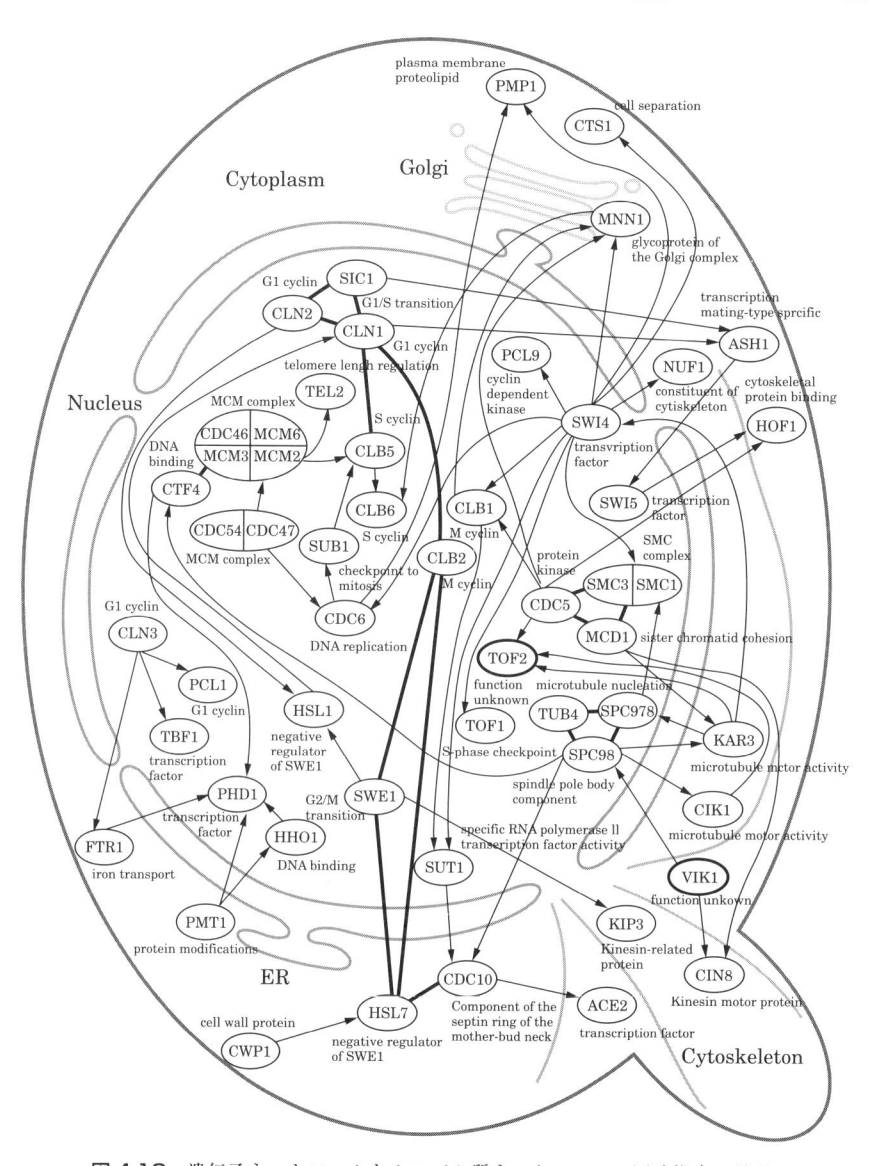

図 4.12 遺伝子ネットワークとタンパク質ネットワークの同時推定の結果

遺伝子ネットワーク推定法を組み合わせた方法を提案し，二つの情報を同時に抽出した．ほかには，タンパク質相互作用データとマイクロアレイデータを利用した，タンパク質間相互作用ネットワークと遺伝子ネットワークの同時推定法（図4.12が得られるネットワークの例），タンパク質配列の相同性による生物の進化情報を用いた複数種の生物の遺伝子ネットワークの同時推定法，誤りや情報欠損を前提としたデータベース情報を利用する方法などの研究を展開してきた．我々のこの一連の研究に続き，マイクロアレイデータと生物学的情報を併用した同時情報抽出ともいうべき研究は，世界中で精力的に行われている．

4.2.6 最適ネットワーク推定アルゴリズムとGreedyアルゴリズム

次に，最適なグラフ構造を推定するため，つまりグラフ構造のMAP解を得るための方法について説明する．MAP解を得るためには，すべてのグラフ構造を枚挙し，その中で最も確率の高いものを解とするのが一番単純な方法だと思われる．では，その枚挙という操作が計算可能かどうかということについて少し議論したい．

ノード数がp個の非閉路有向グラフを考える．この非閉路有向グラフの個数の近似値として

$$c_p = \frac{p! \times 2^{p(p-1)/2}}{r \times z^p}$$

という式が知られている［4.5］．$r=0.57436$, $z=1.14881$とすると近似が良いということである．具体的にいくつか例をあげる．ノード数が9個の非閉路有向グラフは約1.21×10^{15}個（$=1,210$兆!!）．ノード数が20個の非閉路有向グラフは約2.34×10^{72}個，ノード数が30個では約2.71×10^{158}個存在することになる．これらがどれくらい大きな数なのかということをより実感していただくために，次の例を用意した．仮に1秒間に10,000個のネットワークの事後確率を評価できるコンピュータがあったとする．周辺尤度の計算は，ラプラス近似を行うための

4.2 マイクロアレイデータによる遺伝子ネットワークの推定

最適グラフの構造の推定

事後確率最大化（MAP 解）
$$\hat{G} = \arg\max p(G|D)$$

Feasible?

$$c_p = \frac{(p!) \times 2^{p(p-1)/2}}{r \times z^p} \quad ; \quad r=0.574 \quad ; \quad z=1.488 \quad \text{(Robinonson, 1973)}$$

$C_9 = 1.21 \times 10^{15}$; $C_{20} = 2.34 \times 10^{72}$; $C_{30} = 2.71 \times 10^{158}$

10,000 networks/second
　　→3.15＋11 networks/year
　　→3837 years for simple enumeration of c9
　　→8.59e＋146 years for c30
　　宇宙誕生は今から 150 億年前（130 億年前）→15,000,000,000
　　　　　　　　　　　　　　　　　　　　　　　　　　　＝1.5e＋10

Feasible
　c3 by Ott, Imoto and Miyano（2004）'s algorithm
　　Statistics & Computer Science

図 4.13　最適グラフ構造を求めることは計算可能か？

パラメータのモードの計算，およびハイパーパラメータの最適化を含んでいるため，現在のスーパーコンピュータを用いてもこの性能が出るかどうか微妙なところである．仮にこのようなコンピュータを使うと，1 年間で 3×10^{11} 個のネットワークの事後確率が計算できる．しかしながら，1 年間このコンピュータで計算し続けても，ノード数が 9 個のネットワークの総数にも足りないことがわかる．実際に 9 個の遺伝子からなるネットワークの全探索は，単純枚挙という方法をとる限り，3,837 年程かかる．また，30 個の遺伝子からなるネットワークの枚挙には，約 8.6×10^{146} 年必要である．宇宙誕生（ビックバン）というのは，いまから 150 億年前だそうである．150 億を指数表示すると，1.5×10^{10} となるが，これでもまったく足りないことがわかる．この例から学ぶべきことは，単純な数え上げはこの問題ではまったく役に立たないということである．そこで，このグラフ構造の最適化について効率的なアルゴリズムを開発する研究を行った．

少々昔の話，2003 年のことである．当時東京大学大学院博士課程に在籍していた Sascha Ott 氏と私と宮野悟先生の 3 人で行った研究では，ベイジアンネッ

トワークの最適構造探索を行うためのアルゴリズムを開発した．そのアルゴリズムを用いれば，30個の遺伝子を含む遺伝子ネットワークであれば，私の所属しているヒトゲノム解析センターの有するスーパーコンピュータを用いて，大体1日あれば最適解を求めることができるというアルゴリズムを開発できた．アルゴリズムはダイナミックプログラミングを基礎とすることで，有効にグラフ構造の探索空間を枝刈りし，具体的には super exponential であった計算量が exponential にまで減らすことを可能とした．後は，スーパーコンピュータの計算パワーを用いたということが鍵となっている．この研究は，統計科学，情報科学，コンピュータ科学の融合によりハッピーエンドを迎えることができた．

しかしながら，実際に30個程度の遺伝子に着目し，ネットワークを推定するという状況というのは稀である．もう少し遺伝子数を増やし，興味ある現象に関連するかもしれない遺伝子たちを含めたネットワーク推定を行うというのが通常だと思われる．つまり，

① 興味ある現象に関してマイクロアレイにより遺伝子発現データを計測
② 現象に関連する遺伝子群を抽出
③ 遺伝子ネットワークを推定

という流れにおいて②で選ばれる遺伝子は，偽陽性を恐れずにより可能性を求めるという戦略が望まれる．このような背景の下で，後に説明するデータ解析例では，1,192個もの遺伝子を候補の遺伝子としてネットワーク解析に残している．このような場合，さきほど説明した Ott 氏と共に開発したアルゴリズムは，やはり計算量が遺伝子数の exponential オーダーであるため，適用することは不可能となる．そこで，大規模遺伝子ネットワークの推定に対しては，いわゆる発見的なアルゴリズムを用いる．我々が標準的に用いているものは，Greedy アルゴリズムと呼ばれるものである．名前の通り，貪欲にスコアが良くなるよう，グラフ構造の学習を行うアルゴリズムである．次に，Greedy アルゴリズムについて説明する．

Greedy アルゴリズムのグラフ構造学習ステップは，非常に単純である．まず，i 番目の遺伝子に着目し，その近傍ネットワークについてどの構造が最もス

コアが良くなるかを計算する．ここで，i 番目の遺伝子の近傍ネットワークとは，i 番目の遺伝子に繋がる枝を一つだけ変更することで得られるネットワークと定義する．つまり，

① i 番目の遺伝子に対して新しい親を一つ付け加えるテストを行う（add とよばれるプロセス）
② いま繋がっている親を一つ取り除くテストをする（remove とよばれるプロセス）
③ いま子供の遺伝子を親として付けるテストを行う（reverse とよばれるプロセス）

ことにより i 番目の遺伝子の近傍ネットワークが得られ，これに元のネットワークを加えたネットワーク群の中から最もスコアが良いものを採択する．図4.14 のスコアとしてはマイナス事後確率を考えているため，「小さいスコア＝良いグラフ構造」ということになる．このステップをそれぞれの遺伝子に対して繰り返

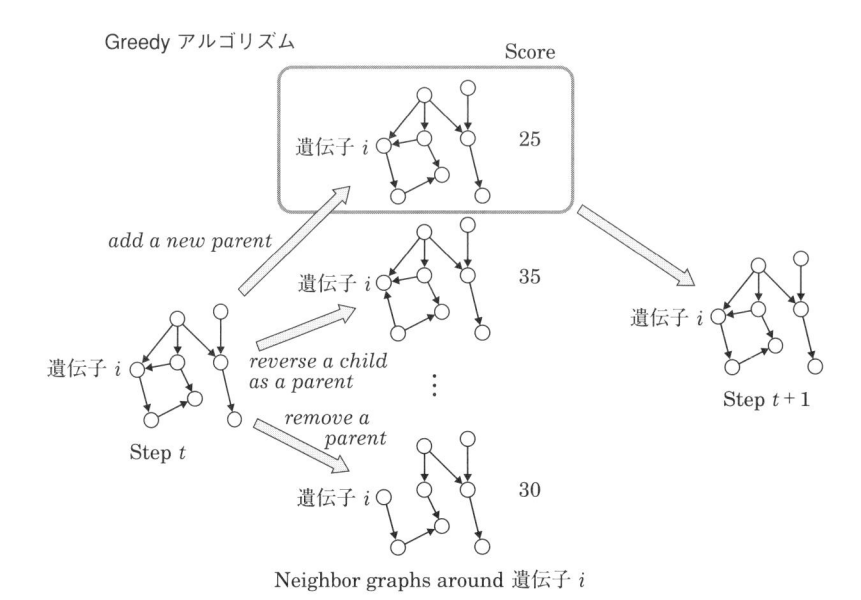

図 4.14 Greedy アルゴリズムによる遺伝子ネットワーク構造の探索

す．少しずつネットワーク構造を更新しながら，スコアがより良いネットワークを作るのが Greedy アルゴリズムである．

Ott 氏と開発したアルゴリズム，および Greedy アルゴリズムを実際に動かしているスーパーコンピュータシステムを図 4.15 に示した．いまとなっては少々古いものであるかもしれないが，例えば，システムを構成するコンピュータの一つである Sun Fire 15K には約 100 個の CPU（UltraSPARC III 1.2 GHz），メモリーは 288 GB，ハードディスクは 40 TB が搭載されている．このような Sun Fire 15K が，著者が所属するヒトゲノム解析センターに 8 台，また，124 ノードの Intel Xeon 3.6 GHz クラスタ Hitachi HA8000，512 ノードの SGI Origin3900T が稼働している．「十分か？」と言われると「もっと欲しい」となってしまうが，計算インフラとしてはかなりなものである．

東京大学医科学研究所ヒトゲノム解析センター
スーパーコンピュータシステム

Sun Fire 15k
72〜100CPUs
288GB memory
5〜40TB HDD

【Machine name】
model

【gyoku】HA8000-tc/M100A1 & HA8500/M630
【gomoku】SGI Origin3900T-512
【toro】Sun Fire 15K
【uni】Sun Fire 15K
【anago】Sun Fire 15K
【awabi】Sun Fire 15K
【saba】Sun Fire 15K
【aji】Sun Fire 15K
【samma】Sun Fire 15K
【tako】Sun Fire 15K
【kappa】Sun Fire 6800
【tekka】Sun Fire 6800

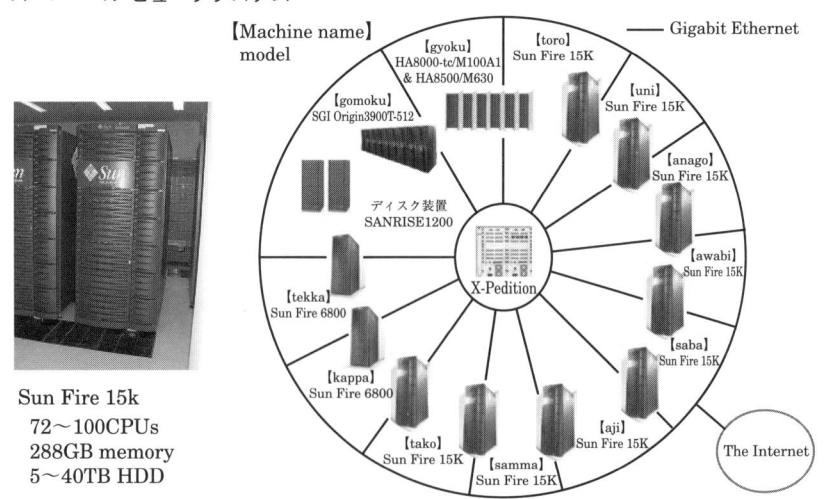

ディスク装置 SANRISE1200
X-Pedition

Gigabit Ethernet
The Internet

図 4.15 東京大学医科学研究所ヒトゲノム解析センターに設置されているスーパーコンピュータシステム

4.3 創薬ターゲット遺伝子のイン・シリコ探索

　いままで説明したように，マイクロアレイデータから遺伝子ネットワークを推定するための方法論は一通り揃った．したがって，マイクロアレイデータ行列を入力すると，プログラムとしては遺伝子ネットワークを出力する環境は整った．それでは，これまでに説明した遺伝子ネットワーク推定技術を用いて，筆者の所属する研究室（東京大学医科学研究所ヒトゲノム解析センターDNA情報解析分野）で行っている研究の一端をこの節で説明する．

4.3.1 遺伝子ネットワークと創薬ターゲット遺伝子

　この遺伝子ネットワーク推定技術は，様々な目的で用いることができると考えられる．わかりやすい利用法としては，遺伝子間の新しい制御関係の発見である．分子生物学・細胞生物学では，自分の興味ある遺伝子の周りの制御関係に特化し，生物学的な知見および直感から，制御関係の候補を一つずつ高精度な実験で確認するという作業が日常的に行われている．その新しい制御関係候補の同定に，遺伝子ネットワーク推定技術は利用できる．遺伝子ネットワーク推定技術により，ゲノムワイドに制御関係の候補をスクリーニングし，分子生物学・細胞生物学において確立された実験系により確認するというプロセスは，新しい制御関係の発見を加速させる．

　もちろん，我々の研究室でも新しい制御関係の発見は大切なテーマであると考えている．加えて，より実社会に直接関係するテーマとして，「創薬」に注目している．我々の研究室は医科学研究所に属しているが，情報系の研究室でもあるため，2006年の現時点においては実験施設は有していない．また，薬の候補となる化合物のライブラリも所有していない．したがって，我々の研究室が目指しているのは「創薬を加速させるバイオインフォマティクス技術の開発」である．

　創薬の初期段階は，大きくは二つのステップに分けることができる．一つは薬のターゲット同定である．化合物がターゲットとしているのは通常はタンパク質

なので，どのタンパク質をねらえば期待する薬効を得ることができるかを予測するという問題がある．ターゲットとなるタンパク質が決まれば，そのタンパク質に結合する化合物の設計は計算化学の問題であり，その理論やシミュレーション技術はすでに高いレベルにある．我々がねらっているのは，ターゲット同定である．このステップに関しては，ゲノムワイドな情報からのスクリーニング技術は研究の初期段階であり，ネットワーク情報を用いた戦略は有効である．ただし，我々の扱うネットワークは遺伝子ネットワークであり，メッセンジャーRNA同士の関係である．本来，化合物のターゲットとなるのはタンパク質であるため，その点にギャップは存在する．しかしながら，遺伝子ネットワーク推定技術を用い，薬効や疾患に関して重要な役割を担う遺伝子がわかれば，その情報はターゲットタンパク質の同定に重要な情報を与えうる．

4.3.2　Fenofibrate関連遺伝子の同定

　実際に実施した創薬ターゲット遺伝子のイン・シリコ探索を例に，我々の考えている「創薬を加速する技術」について説明する．この研究は，我々の研究室を含む以下の研究グループが共同で行ったものである．

- 東京大学医科学研究所ヒトゲノム解析センターDNA情報解析分野
  http://bonsai.ims.u-tokyo.ac.jp/
- 九州大学大学院生物資源環境科学府遺伝子資源工学専攻遺伝子制御学講座
  http://www.grt.kyushu-u.ac.jp/grt-docs/mogt/
- University of Cambridge, Department of Obstetrics & Gynaecology
  http://www.obgyn.cam.ac.uk/RMRG/RMRG.html
- University of Auckland, Medical & Health Science
  http://www.health.auckland.ac.nz/molmedpath/staff/cris_print.html
- Gene Network International
  http://www.gene-networks.com/index.html

4.3 創薬ターゲット遺伝子のイン・シリコ探索

我々の研究グループは，ヒト血管内皮細胞を用いて，高脂血症薬の新たなターゲット探索を行った．まず，高脂血症の既存薬 fenofibrate を投与した血管内皮細胞の遺伝子発現データを時系列に計測した．fenofibrate によって発現が誘導，もしくは抑制される遺伝子のネットワーク上には，fenofibrate が薬効を示すために必要な遺伝子のパスウェイが存在する可能性がある．薬効を示す遺伝子パスウェイが同定されたならば，そのパスウェイに関与する遺伝子は新たな薬剤のターゲットとなるであろうというアイデアが背景にある．fenofibrate という高脂血症薬を用いた理由は以下の通りである．日本で高脂血症薬としては，おそらく三共のメバロチンが有名なのではないかと思われる．fenofibrate という薬はヨーロッパにおいて多くの使用例があり，また，fenofibrate のターゲットとしてすでに PPARα という遺伝子が知られている．したがって，この解析には新たなターゲットの発見という大きな目的に加えて，我々の創薬ターゲットのイン・シリコ探索法の有効性を評価する意味も持っている．

図 4.17 は，この研究のために新たに計測したマイクロアレイデータのスペックである．まず，fenofibrate を投与したヒト血管内皮細胞のマイクロアレイデータを時系列に計測したデータを作成した．HUVEC というのは Human Umbili-

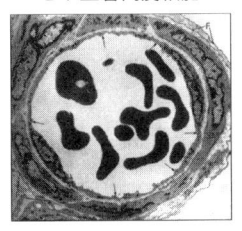

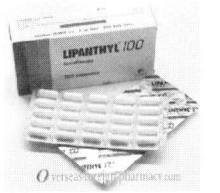

図 4.16 創薬を加速させるバイオインフォマティクス技術の開発に向けて

cal Vein Endothelial Cell の頭文字をとったものである．時刻 0 は，fenofibrate 投与直前でのコントロールとしてのマイクロアレイデータである．時刻 0 のコントロール，投与後 2, 4, 6, 8, 18 時間後に（データのクオリティチェックのため各時点において 2 回）マイクロアレイデータを計測した．時刻 0 を入れても 6 時点のデータであるため，統計学の時系列データとしては時点数が極めて少ない感は否めない．しかしながら，それでは株価のデータのようにたくさんの時点で遺伝子の発現を計測できるかというと，現時点では実験者や金銭面での限界があり，不可能である．問題は極めてリアルである．

次に計測したデータは，遺伝子ノックダウンマイクロアレイデータと呼ばれるデータである．RNA interference という現象を利用し，あるターゲット遺伝子の発現を抑制した状況で計測したデータである．簡単に説明すると，20 数塩基の短い一本鎖 RNA を含むタンパク質複合体が，ターゲット遺伝子から生成されたメッセンジャー RNA の相補的な部分に結合し，メッセンジャー RNA を切る（破壊する）というものである．切られたメッセンジャー RNA は，もちろんタンパク質に翻訳されることなく分解されるため，ターゲット遺伝子からはタンパク質は合成されない．すなわち，ターゲット遺伝子からタンパク質を生成させないことで，そのターゲット遺伝子の下流パスウェイの遺伝子に撹乱を与えるとい

Analysis of HUVEC Treated with Fenofibrate
ヒト血管内皮細胞（HUVEC）
Fenofibrate：高脂血症薬，ターゲットは PPARα
CodeLink™ Human Uniset I 20 K (20,469 probes)
Time-course data (duplicate data)
 -HUVEC（25 μM fenofibrate）
 -0 (control), 2, 4, 6, 8 and 18 hours (6 time-points)
Knock-down data
 -270 KD (by siRNA) arrays
 -Most knock-down genes are transcription factor
1192 genes are identified as the fenofibrate-related genes.

図 4.17　ヒト血管内皮細胞遺伝子発現データ

う実験である．なお，完全にターゲット遺伝子から生成されるメッセンジャーRNAを壊すことは難しいため，数％のメッセンジャーRNAは破壊されず，タンパク質へ翻訳される．この技術を用いて，転写因子を中心に一枚のマイクロアレイに対して一つの遺伝子をノックダウンし，270枚のマイクロアレイデータを計測した．このデータはシステムに対して撹乱を与えているため，システム解析に有効なデータである．

fenofibrateに関連する遺伝子ネットワーク推定の手順を示す．まず，fenofibrateを投与した時系列のマイクロアレイデータを用いて，1,192個の遺伝子をfenofibrateによって影響を受けている遺伝子として同定した．詳細は論文[4.6]を参照されたい．この1,192個については前にも説明した通り，偽陽性は多くても良いが，真陰性ができるだけ少なくなるように，かなり甘めの判定で選んでいる．次に，選んだ1,192個の遺伝子のネットワークを270枚のマイクロアレイデータを用いて構築した．ただし，このマイクロアレイデータは遺伝子ノックダウンにより計測したものであるので，我々はどの遺伝子の発現を抑制して計測したものかを知っている．このとき，あるマイクロアレイにおいてコントロールに比べて大きく発現変動がある遺伝子たちは，ノックダウンしたターゲット遺伝子から直接影響を受けている可能性が高いため，その情報を用いてグラフ構造の事前確率を構築した．

図4.18(a)は，1,192個の遺伝子からなる推定した遺伝子ネットワークである．2次元に配置するにはノード数が多すぎることに加え，その繋がりも複雑であるため，一見しただけではまったく情報を得ることができないことがわかる．いままでは，このネットワークを推定することが研究の主なテーマであった．しかしながら，推定した後にも最終的な情報を得るためには越えなければならない高い壁があった．このように複雑なグラフからどのようにして情報抽出を行うか，特に創薬につながる情報の抽出法の開発は，このネットワークを得ることができて初めて発生する重要な研究テーマである．

この例においては，我々はfenofibrateのターゲット遺伝子がPPARαであることを知っている．そこで，まずはPPARαの下流にある遺伝子を調べること

Fenofibrate 関連ネットワーク

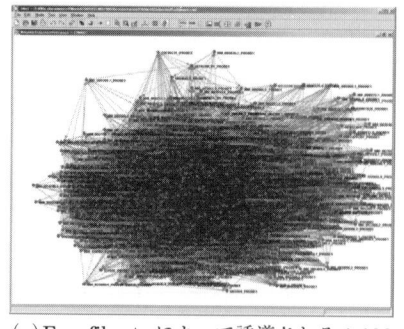

(a) Fenofibrate によって誘導される 1,192 遺伝子からなるネットワーク

(b) Fenofibrate のターゲット遺伝子である PPARα の下流パスウェイ

図 4.18 Fenofibrate 関連遺伝子ネットワークと PPARα の下流パスウェイ

は，このネットワークの評価に繋がるであろう．図 4.18(b) が PPARα の下流パスウェイをハイライトしたものである．結論としては，PPARα の下流には脂質代謝に関連する遺伝子が多く見られ，PPARα はこれらの発現をコントロールするトリガーのような位置にあった．

　推定したネットワークから創薬のターゲットとなる遺伝子の発見が，研究の最初の動機であった．前述したように，高脂血症薬 fenofibrate に影響を受けるネットワークには fenofibrate が薬効を示すために必要なパスウェイがあり，それを発見することで創薬の新たなターゲット同定のための重要な手がかりになりうるというのがアイデアである．推定した遺伝子ネットワークにおいて，fenofibrate のターゲットである PPARα は脂質代謝に関与する多くの遺伝子を制御しており，ネットワーク上でいわゆるハブの位置を占めていた．この事実から，推定したネットワークにおいてハブとなる遺伝子には master-regulator 的な役割があり，fenofibrate が薬効を示す上で重要な機能を果たしているのではないかという仮説を立てることができる．fenofibrate に関与すると予測された 1,192 個の遺伝子のうち，脂質代謝に関わる遺伝子は 42 個であった．その中で，PPARα よりも多くの遺伝子を制御すると予測された遺伝子は 17 個であった．これらの遺伝子をまとめたものが図 4.19 の表である．遺伝子名が入った遺伝子

はすでに既存薬のターゲットとなっている遺伝子であり，名前がブラインドとなっている遺伝子は調べた限り既存薬のターゲットではなかった遺伝子である．これらの遺伝子ついてはさらに実験を行い，高脂血症薬のターゲットとして創薬のための次のステップに行けるか否かを確認する必要がある．ここで注目すべきは，高脂血症治療剤である HMG-CoA 還元酵素阻害剤メバロチンのターゲットである HMGCR が見つかっていることである．他にも LIPG，LSS などが見つかるが，興味深いのはその中に COX2 が含まれていることである．

COX2 は関節炎治療薬のターゲットであり，ここでターゲットの疾患としている高脂血症との関連性は明らかではないが，多くの製薬会社が注目している遺伝子である．メルクのバイオックスも COX2 選択的阻害剤であるが，2005 年の副作用訴訟は記憶に新しい．この副作用は，COX2 を抑制したことによる心筋梗塞が副作用として現れた結果だと推測されている．推定したネットワークにおいて COX2 周辺の情報を見てみると，COX2 が直接制御していると推定された遺伝子の一つが JAK/STAT と呼ばれるパスウェイ上の遺伝子であった．JAK/STAT パスウェイは心筋梗塞と関連があり，推定したネットワークはその副作用メカニ

Drug Target Genes
- 17/42 の脂質代謝遺伝子が PPARα よりも多くの遺伝子を制御していた．
- 17 のうちいくつかの遺伝子は既知の薬剤ターゲット遺伝子であった．

#Children	GeneTitle	GeneName	Druggable	Description
30	Gene1	Gene1		
22	Gene2	Gene2		
20	Gene3	Gene3		
16	LIPG	lipase, endothelial	Druggable	NatGanet 21:424-8
15	Gene4	Gene4		
13	Gene5	Gene5		
13	HMGCR	3-hydroxy-3-methylglutaryl-Coenzyme A reductase	Druggable	Many Company's Targets
11	Gene6	Gene6		
10	Gene7	Gene7		
9	Gene8	Gene8		
9	Gene9	Gene9		
9	LSS	lanosterol synthase (2,3-oxidosqualene-lanosterol cyclase)	Druggable	Roche's Target
8	AKRIC3	aldo-keto reductase family 1, member C3	Druggable	CancerRes 63:505-512
7	PTGS2(COX2)	prostaglandin-endoperoxide synthase 2	Druggable	Many Company's Targets
7	Gene10	Gene10		
7	PPARA	peroxisome proliferative activated receptor, alpha	Druggable	Fournier Pharma's Target

Druggable: Net. Rev. Drug Discov. 1 : 727-30, 2002

図 4.19 推定した fenofibrate 関連遺伝子ネットワークにおいて PPARα よりも多くの子供遺伝子を持っていた脂質代謝遺伝子

ズムを解明するための重要な手がかりとなる．

4.3.3 遺伝子間因果の発見に向けて

　1,192個という非常に多くの遺伝子を含むネットワークを推定し，創薬のターゲットとなる遺伝子の発見プロセスについて説明した．遺伝子ネットワークを用いる方法の有効性については，既存薬のターゲットを小さな表から数多く見つけることができたことで示されたと考えられる．次に，推定した1個1個の制御について考える．現在のところ，遺伝子個々の機能に関してはかなりわかってきている．例えば，出芽酵母では遺伝子数が6,000個に対して機能未知の遺伝子は2,000程度であるから，約3分の2の遺伝子は細胞内での役割があらかたわかっている．ヒトについては，全遺伝子の半数程度はわかっているようである．しかしながら，ネットワークの情報についてはまだまだ情報不足の感は否めない．データベースに登録されている情報や文献などを検索し，どの程度推定した制御関係があっているかを調べる方法にも限界がある．そこで，ネットワークを推定するためには用いなかった他の情報を用い，推定した制御関係を評価するような方法をネットワークの評価に用いる．

　図4.20は，fenofibrate関連遺伝子ネットワークではなく我々の別研究からの引用であるが，NF$\kappa\beta$1という遺伝子が制御すると予測された遺伝子たちを表している．このNF$\kappa\beta$1は転写因子であり，炎症やアポトーシスに関連して非常に重要な役割を担っている．このNF$\kappa\beta$1から生成されるタンパク質が結合するDNAの配列はかなり解明されており，その情報を図4.20の右下に載せている．この図はNF$\kappa\beta$1に制御される遺伝子たちの，NF$\kappa\beta$1結合部位の配列情報をまとめたものである．この図の読み方は，NF$\kappa\beta$1が結合する配列の先頭（左端）はGであり，次もGである．3番目の塩基はおおむねGであるが，ごく少数のNF$\kappa\beta$1が制御する遺伝子はAとなっている．4番目の塩基はAであり，5番目はメジャーはAであるがGもかなりある．というように情報を読む．したがって，推定されたNF$\kappa\beta$1の子供遺伝子のプロモータ領域にこの配列に似た配列が

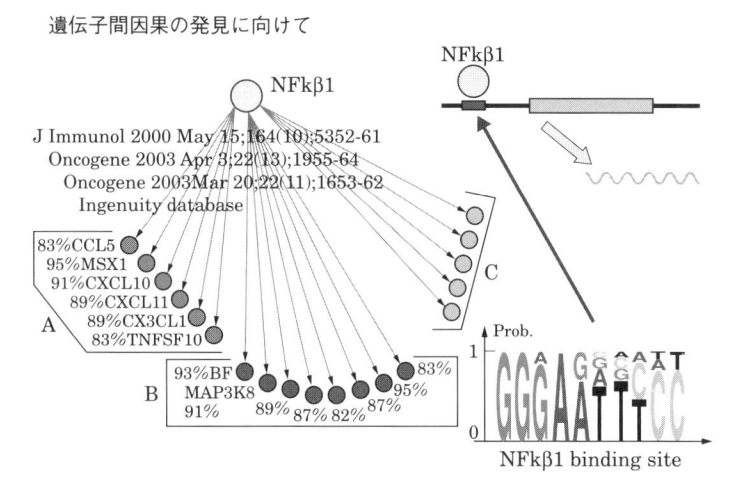

図 4.20　NFκβ1 の子遺伝子のプロモータ解析

あれば，それは NFκβ1 に制御されているかもしれないという情報となる．NFκβ1 の子供たちは三つのグループ（A，B，C と表記した）に分けられる．A グループの遺伝子たちは，NFκβ1 が制御するという情報がデータベースに登録されていた遺伝子たちである．ノードの隣に付いている % の数字は，プロモータ領域にさきほどの NFκβ1 結合配列にどの程度近い配列があるかを示している．これらの遺伝子たちのプロモータ領域には，さきほどの結合配列に非常に近い配列があることがわかる．次に，中央の B グループの遺伝子たちに注目する．これらの遺伝子は，NFκβ1 との関連性についてデータベースには登録がなかったにも関わらず，NFκβ1 結合配列にとてもよく似た配列をプロモータ領域に持っている．これらの遺伝子は，NFκβ1 が本当に結合するのか否かを実験して検証する価値がある．残念ながら C グループの遺伝子たちからは，そのプロモータ領域に NFκβ1 結合配列と似た配列は見つからなかった．

4.4　今後の課題

バイオインフォマティクスにおいては，本章の中で紹介したマイクロアレイデ

ータ，一塩基多型（SNP）データ，タンパク質間相互作用データ，転写因子結合配列に加えて，各タンパク質が細胞のどこにあるのかを表すタンパク質局在情報やタンパク質配列，2次構造，3次構造，遺伝子の機能など様々な形式のデータが存在する．この極めて多様性に富んだ計測データから情報抽出を行うことが，バイオインフォマティクスの特徴である．そのようなヘテロな計測データを効率よくまとめ，解析することができる方法の一つがベイズ的アプローチである．バイオインフォマティクスにおいても，統計科学は非常にパワフルなツールであることが本章でご理解いただけたかと思う．また，統計科学・情報科学・コンピュータ科学の英知を総動員して生物学の問題に立ち向かうことが重要である．

今後の課題としては，生物学的知識による統計モデルの正則化などができれば，より有効な情報抽出ができるのではないかと考えている．また，計算機を利用した創薬ターゲットの同定に加えて，ターゲットの評価について実験系の研究者と密接に連携して取り組むことで，統計科学は創薬に関するパラダイムシフトに貢献できると考えている．

最後に，いまなお生物科学は新たな計測機器を次々に開発し，新たな生物科学を展開している．その中では，データをストックすることやデータを輸送することさえ困難であるような超大量・超高次元データが生成されつつある．このような計測データに基づく Data-driven biology の新展開に向けた新しい統計科学の発展が必要であり，急務である．

まとめと今後の課題・展望
- バイオインフォマティクスにおいて統計科学的アプローチが有効な一つの例としてマイクロアレイデータから遺伝子ネットワーク推定を紹介した．
  - ベイズ的アプローチの有効性
  - 他分野製との連携の重要性
- より生物学的知識を取り込んだモデリング
  - 生物学的知識によるモデルの正則化
- Data-driven biology の新展開に向けた新しい統計科学

図 4.21　まとめと今後の課題・展望

参考文献

[4.1] J. Quackenbush, "Microarray data normalization and transformation", *Nature Genetics*, Vol. 32, pp. 496-501, 2002

[4.2] P.H.C. Eiler and B.D. Marx, "Flexible smoothing with B-splines and penalties (with discussion)", *Statistical Science*, Vol. 11, pp. 89-121, 1996

[4.3] S. Imoto and S. Konishi, "Selection of smoothing parameters in B-spline nonparametric regression models using information criteria", *Annuals of the Institute of Statistical Mathematics*, Vol. 55, pp. 671-687, 2003

[4.4] S. Imoto, T. Goto and S. Miyano, "Estimation of genetic networks and functional structures between genes by using Bayesian network and nonparametric regression", *Pacific Symposium on Biocomputing*, Vol. 7, pp. 175-186, 2002

[4.5] R.W. Robinson, "Counting labeled acyclic digraphs", in *New Directions in the Graphs Theory* (F. Harary (Ed.)), *Academic Press*, pp. 239-273, 1973

[4.6] S. Imoto, Y. Tamada, H. Araki, K. Yasuda, C.G. Print, S.D. Charnock-Jones, D. Sanders, C.J. Savoie, K. Tashiro, S. Kuhara and S. Miyano, "Computational strategy for discovering druggable gene networks from genome-wide RNA expression profiles", *Paciffic Symposium on Biocomputing*, Vol. 11, pp. 559-571, 2006

付録

北川源四郎

情報量規準AICからベイズモデリングへ
―赤池弘次氏がたどった道

A.1 予測の視点と最終予測誤差FPE

時系列 y_n をその過去の値と新たに加わったイノベーション(予測誤差)ε_n の和で表現するモデル

$$y_n = \sum_{j=1}^{m} a_j y_{n-j} + \varepsilon_n$$

は,自己回帰モデル(ARモデル)と呼ばれる.ただし,m はARモデルの次数,a_j は自己回帰係数と呼ばれ,ε_n は平均が0で分散 σ^2 の正規白色雑音とする.時系列データが得られると,自己回帰係数やイノベーションの分散の推定値は最小二乗法あるいは最尤法によって比較的簡単に推定できる.いったんARモデルが定まると,時系列のスペクトルが計算できるとともに,簡単に将来の値の最適予測値が計算できる.しかし,実際にはモデルの次数は未知であり,次数が変化すれば将来の予測値もスペクトルの推定値もまったく異なる.結局,モデルの次数を決定する方法が確立しなければ,データに基づく時系列の解析と予測の方法は実用化されたことにはならない.

1960年代までは,次数 m を決定するための合理的な基準は存在しなかった.一般の回帰モデルの残差分散と同様に,予測誤差分散は次数を決定するための基準としては用をなさない.予測誤差分散の推定値は次数 m の単調減少(正確には非増加)関数となって,常に最大の次数が選択されてしまうからである.すなわち,モデルの次数が既知であるという仮定の下では未知パラメータの推定は可能であったが,モデルの次数が未知の状況では最適なモデルを求める方法は確立

していなかったことになる.

1969年,赤池氏はARモデルの次数選択の基準として,FPE(最終予測誤差)を提案した.FPEは予測の視点に基づいて得られた基準であり,FPEを最小とする次数を探すことによって予測誤差分散最小の意味で最適な次数を自動的に決定することができる[A.1,A.2].従来の統計的モデルの評価においては,真の構造をデータからいかに精度よく再現するかが問題となり,データへの当てはまりの良さが評価の基準となっていた.しかし赤池氏は,現在のデータと同じ構造から生成される将来のデータを予測する状況を想定した.

すなわち,現在のデータから推定したモデルを利用して,将来得られるデータを予測する状況を考え,そのときの予測誤差分散の推定値によって最終予測誤差

$$\mathrm{FPE} = \frac{n+m+1}{n-m-1}\hat{\sigma}_m^2$$

を定義した.ただし,nはデータ数,mはモデルの次数である.次数mを増加させると予測誤差分散は単調減少するが,通常,FPEはある次数で最小値をとる.すなわち,データへの当てはめの立場では次数選択はできないが,予測の視点の採用によって初めて適切な次数選択が実現できるようになる.このように,「真の構造の推定」という立場と「将来の予測」という立場には大きな違いがあり,この予測の視点の導入はその後の統計的推論のあり方に大きなインパクトを与えた.

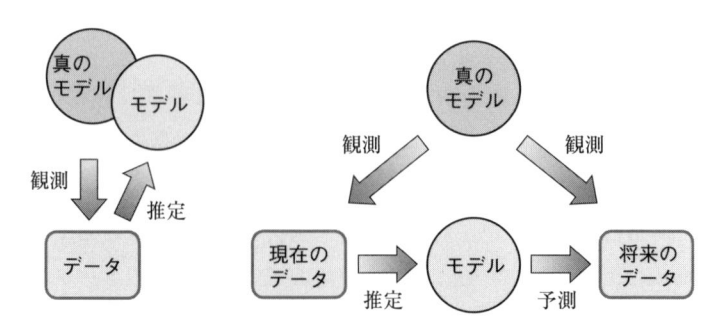

図A.1 従来の推定(左)と予測の視点(右)

FPE を多次元 AR モデルの評価基準に拡張したものが MFPE である．FPE は最小二乗法の世界であり，予測誤差分散を将来の予測精度の良さを表すように補正したものと考えることができる．しかし，多次元化のためには予測の視点に加えてもう一ステップの飛躍が必要だった．多変量時系列の予測精度は予測誤差の分散共分散行列に反映するが，それを単一の尺度に縮約する方法は唯一ではない．赤池氏は，様々な方法を比較検討した結果，結局は尤度を用いることにした．一次元の AR モデルにおいては最小二乗法と最尤法は近似的に同等ということに過ぎないが，多次元 AR モデルの推定においては最尤法の利用が本質的に必要となったのである．最尤法の利用は最小 2 乗法とは異なり，分布を明確に意識したものであり，その後，情報量規準の導入の前提の一つとなる．

多変量 AR モデルの実用性は著しかった．1970 年前後にはフィードバックを持つ複雑なシステムの解析法と統計的最適制御法が確立した ［A.2, A.3］．従来の最適制御の方法ではシステムのダイナミックスを表現するモデルが必要とされるために，実際の適用は，理論モデルが有効で，外乱が小さく，比較的自由度が少ないシステムに限定されていた．これに対して多変量 AR モデルに基づく方法は，巨大かつ複雑で外乱の大きなシステムへの適用が可能であり，セメント焼成炉の制御，火力発電所ボイラーの制御，船舶のオートパイロットなどへの応用が実現した ［A.2, A.4］．1970 年代に統計科学においてモデリングの重要性が定着した背景には，時系列解析におけるモデルに基づく解析法の成功の影響があった．

A.2　　分布による予測と情報量規準

1973 年に，赤池氏は情報量規準 AIC を提案した ［A.5, A.6］．時系列モデルの次数選択の問題は予測の視点に基づく FPE の提案によって解決されていたが，1971 年頃，赤池氏は因子分析モデルの評価基準の研究の過程で MFPE との類似性に注目し，予測の視点の適用を検討した．しかし，因子分析においては時系列の予測と同じように予測誤差を定義することは困難であり，結局，予測の問題は点予測ではなく分布によって行われるべきであるという結論に到達した．さらに

その予測の分布の良さを，Kullback-Leibler 情報量（K-L 情報量）と呼ばれる量で評価することにした．以上の三つの前提，

- ・予測の視点
- ・分布による予測
- ・K-L 情報量による予測精度の評価

から統計的モデリングの枠組みが構築でき，情報量規準が誕生することになる [A.7]．

　真のモデルが存在し，しかもそれが既知の場合には，K-L 情報量の計算によってモデルの良し悪しが評価できる．しかし，実際の統計的モデリングの場面では真のモデルは未知なので，K-L 情報量も推定する必要がある．対数尤度はこの K-L 情報量の（本質的な部分の）自然な推定量であり，また，パラメータの最尤推定値はその推定された評価基準を最大とすることによって求められる．問題は，このようにして求められたモデルの評価法である．固定したパラメータに対しては対数尤度は K-L 情報量（正確には平均対数尤度）の不偏推定量であるが，未知パラメータをデータから推定した場合には偏りが生じ，したがって，対数尤度の値を直接比較してもモデルの良さを公平に比較したことにはならないことがわかる．

　赤池氏はそのバイアスの構造を分析して，漸近的にはそのバイアスがパラメータ数で近似できることを示し，それを補正することによって赤池情報量規準

$$AIC = -2（最大対数尤度）+2（パラメータ数）$$

を提案した．AIC の比較は近似的に K-L 情報量の比較と同等なので，AIC を最小とするモデルを探すことによって，予測の意味で良いモデルを求めることができる．同じ予測の視点から導かれた FPE は AR モデルの次数選択規準に限定されていたが，AIC は AR モデルに限らず，あらゆるモデルの評価・比較に適用可能であり，1970 年代以降，多くの研究分野で統計的モデリングが一気に実用化した一因となった．

　実際，AIC のインパクトは極めて強力かつ広範囲に及んでおり，30 年以上が

経過した現在でも，AIC を提案した二つの論文の年間の被引用数は年ごとに指数的に増加している．また，その引用分野は統計科学や数理科学だけではなく，計算機科学，情報科学，工学，生物学，心理学，金融・経済，経営科学，物理学，地球物理など実に広範な分野にわたっている．これは，AIC が広範な分野の科学研究に利用されているということを如実に表している．基礎的な学問分野の優れた研究の影響は，インパクトファクタや半減期などの短期的評価指標では評価しきれない長期的な影響があるという好個の例である．

AIC の提唱は，統計的モデリングにおいて次数選択やモデル選択を半自動的にする画期的なものであったが，AIC が相対的な評価基準であることには注意しておかなければならない．AIC 最小のモデルを見い出したとしても，それは単に想定したモデル族の中で最適なものというに過ぎない．決してそれが満足すべきものであるということを意味しない．AIC は，むしろモデリングにおけるモデル族あるいは仮説設定の重要性を明確に示したことに大きな意義があったといえる．

A.3　パラメータの制約とベイズモデリング

A.3.1　季節調整と制約付最小2乗法

情報量規準の提案直後から統計科学の研究者を中心に，次数の非一致性の問題やペナルティ項の精密化など，様々な誤解も含め多くの議論が沸きおこった．赤池氏自身もこれらの批判に答えて，[A.8] に先駆けてモデルの事後確率に基づく BIC 規準を提案したが [A.9]，その後は情報量規準のペナルティ項を改良する方向ではなく，より本質的な解決を目指してベイズモデリングの実用化に移行していった．当初は次数選択やモデル選択の方法に本質的に内在する不安定さを解消するために，モデルの事後確率を用いて最尤法で推定した多数のモデルを平均化することによって推定したモデルの安定化を図った．1978 年の論文 [A.10] では，$\exp(-AIC/2)$ によって（補正された）モデルの尤度を定義し，この値に比

例した重みですべての次数のモデルを平均化することによって，次数選択によって得られるモデルの不安定さを解消しようとしている．

この背景には以下のような事情がある．情報量規準 AIC が示唆したことは，良いモデルを求めるためにはモデルの偏りと分散の大きさの両方を考慮する必要がある，ということである．従来の非ベイズ統計における推定では不偏性を前提とするものがほとんどであったが，AIC は偏りと分散の両者がモデルの良さを決めるのであって，多少偏りを犠牲にしてでも分散を抑えるほうが良いモデルが得られることを示した点で画期的であった．特に AIC 最小化法による次数決定は，次数をなるべく小さくすることによって良いモデルを実現しようとしたものである．

しかし，良いモデルを得るための方法はそれだけとは限らない．多数のパラメータを用いても，分散を抑える方法があればよいのである．赤池氏はモデルの尤度を定義することによって，最大次数のモデルを用いながらより良いモデルを得る方法を追求したのである．この方法の狙いは，最尤法を基礎としながらも，ほぼ同等な複数のモデルが存在する場合に，機械的な AIC 最小化法の適用によって起こりうる問題点を解消しようとしたものである．この問題点とは，AIC のわずかな違いで一方のモデルが選ばれてしまうことによって生じる（データ数の変動に対する）モデルの不安定さ，AIC 最小以外のモデルの持つ情報を捨ててしまう危険性，次数を制限することによる偏りの発生の3点である．

しかし 1979 年になると，季節調整の問題への挑戦を機に完全にベイズモデルに移行した．季節調整は非定常なデータを扱う経済分析に不可欠な統計手法で，政府や公的金融機関などから公表される時系列データの多くは，季節調整によって毎年繰り返す特有の変動を除去する処理をした上で発表される．その標準的な調整法として，アメリカの商務省センサス局で開発されたセンサス局法が最も利用されてきたが，場合によっては擬似周期的な変動がトレンドに現れるなどのいくつかの問題点が指摘され，その解決を目標にセンサス局では課題データを公開してプロジェクト研究を推進していた．

これに関連して赤池氏は，ベイズモデルに基づくまったく新しい季節調整法を

提案した．このモデルは，各時刻の観測値 y_n を

$$y_n = T_n + S_n + \varepsilon_n$$

と表現し，トレンド成分 T_n，季節成分 S_n の二つのパラメータを用いるもので，データ数の2倍以上のパラメータを持つモデルとなる．当然のことながら，通常の最小2乗法や最尤法では意味のある推定値は得られない．そこで赤池氏は，予測2乗誤差にパラメータ間の変動に制約を与えるペナルティ項を追加した制約付最小2乗法を利用した．

簡単のために，季節成分が存在しないトレンドモデルの場合を考えることにすると，n 個のデータに対して

$$I = \sum_{i=1}^{n}(y_n - T_n)^2 + \lambda \sum_{i=1}^{n}(T_n - T_{n-1})^2$$

を評価基準として未知パラメータ T_n を推定することになる．この制約付きの最小二乗法や最尤法は文献［A.11，A.12，A.13］でも利用されているが，尤度項とペナルティ項の比率を決めるトレードオフパラメータ（重み係数）λ の選択は解析者の判断に委ねられていた．

A.3.2　ベイズモデルへ

赤池氏は，上式の右辺を $-1/(2\sigma^2)$ 倍して指数をとると，

$$\exp\left\{-\frac{1}{2\sigma^2}\sum_{i=1}^{n}(y_n - T_n)^2\right\}\exp\left\{-\frac{\lambda}{2\sigma^2}\sum_{i=1}^{n}(T_n - T_{n-1})^2\right\}$$

$$\propto p(y_1, \cdots, y_n | T_1, \cdots, T_n) p(T_1, \cdots, T_n)$$

となることから，制約項がベイズモデルの事前分布（smoothness prior）と解釈できることを示した．さらに，そのベイズモデルの事後分布の評価の観点からベイズ型情報量規準 ABIC を提案し，トレードオフパラメータ λ の決定がデータに基づいて合理的に行えることを示した［A.14］．

それまでの統計的モデリングにおいては，数個からせいぜい数十個程度の少数のパラメータを持つモデルが想定されていたが，トレンドモデルではデータ数と

同数の,また一般の季節調整モデルではデータ数の数倍のパラメータを想定することとなった.これによって,データから良い統計的モデルを推定するために用いられてきたパラメータ数を制限する従来の方法に替わって,パラメータに適切な事前分布を導入することによって,多数のパラメータを用いながらも良いモデルを求める方法が確立したことになる.

このベイズモデルに基づく季節調整法のためのプログラムとしてBAYSEA (Bayesian Seasonal Adjustment [A.15]) が公開されているが,線形回帰モデルの枠組みで議論されていることから容易に他のモデルに適用可能であり,地球潮汐の解析(BAYTAP-G),ベイズ型コホート分析,因子分析など様々な分野に応用された [A.14, A.16].

特に時系列のモデリングに関しては,ベイズモデルは状態空間モデルと密接な関係がある.トレンドモデルのベイズ推定のためのペナルティ付き評価基準は,

$T_n = T_{n-1} + v_n \quad v_n \sim N(0, \lambda^{-1}\sigma^2)$

$y_n = T_n + w_n, \quad w_n \sim N(0, \sigma^2)$

という二つの線形ガウスモデルを仮定することと同等である.さらにこれが,$x_n = T_n$,$F_n = G_n = H_n = 1$ とおくことによって,状態空間モデル

$x_n = F_n x_{n-1} + G_n v_n \quad v_n \sim N(0, Q_n)$

$y_n = H_n x_n + w_n, \quad w_n \sim N(0, R_n)$

の最も簡単な場合となることを利用すれば,状態空間モデルとカルマンフィルタの利用によって,より複雑なモデリングが実現できる [A.14].また,トレードオフ・パラメータ λ はシステムノイズと観測ノイズの分散の比,すなわちS/N比とみなせることから,状態空間モデリングにおいては λ は構造パラメータから自然に定まるものであることがわかる [A.17].

近年は,逐次モンテカルロ法の利用によって非線形・非ガウス型,あるいは一般型の状態空間モデルが実用化し,様々な分野に応用されている [A.7, A.17, A.18].

情報量規準によってトレードオフ・パラメータを決定できるようになったことは,ベイズモデルの事前分布をデータから決められるようになったことを意味す

る．ベイズの定理は18世紀にトーマス・ベイズにより発見されたが，ベイズモデルに基づく統計的推論は，確率の解釈，事前分布の設定，事後分布の計算の困難などのために，近年まで哲学的議論に終始し，実用化には程遠かった．しかし，事前分布の実用的な設定法やベイズモデリングに必要な統計計算法の開発によって，現在ではモデリングに不可欠の方法としてその地位を確立し，統計科学の研究者に限らず多くの知的情報処理の分野で利用されるようになっている．

A.4　情報化時代の統計的モデリング

　従来の数理統計学では，データを生成する真の分布は基本的に既知と仮定し，その中に含まれる一部の未知パラメータをデータから推定するという問題が考えられてきた．このような問題設定は検証を主目的とする統計推論には適切であったが，情報化が急速に進展した現在では非現実的なことが多い．現代社会は，生命，地球，社会などの不確定性を含む実世界と，人間が自ら創り上げた広大なサイバースペースの接点に存在している．今後の統計的モデリングは，このような巨大な情報空間からの知識獲得に役立つものでなくてはならない．

　システムを表現するモデルがあれば，様々な形の統計的推論，すなわち情報抽出，知識発見，予測，シミュレーション，管理，制御などが，原理的には演繹的に実現できる．しかし，そのシステムのモデルをいかに求めるかが問題なのであ

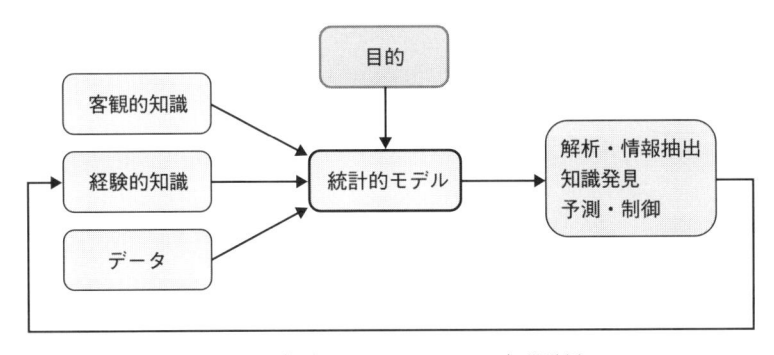

図 A.2　能動的モデリングによる知識発展

る．赤池氏は，統計的モデルは真の構造の忠実な再現を目指すものではなく，むしろ情報処理における推論の根拠を示すものと述べている［A.19］．このような立場に立てば，あらゆる情報に基づいてモデルを構築することが可能となり，いわば能動的なモデリングが実現できる．これに関連して赤池氏は，客観的な知識，経験的な知識，データに基づく情報の3種類の情報を適切に投入し，さらに分析の目的を考慮しながらモデル構築をすべきであると述べている．このような，能動的なモデリングこそが，情報化時代に即した情報抽出の方法と考えられる．

　これまでの科学研究では，演繹に基づく原理主導アプローチと帰納に基づくデータ主導アプローチが並立し，研究者の立場に応じて採用されている．しかし，情報化時代の知識獲得にはこの二つのアプローチの統合が不可欠である．ベイズモデリングを基礎とする能動的モデリングの方法は，これらの二つのアプローチを統合するための強力な手段となることが期待される．

参考文献

[A.1] H. Akaike, "Fitting autoregressive model for prediction", *Annals of the Institute of Statistical Mathematics*, Vol. 21, pp. 243-247, 1969

[A.2] 赤池弘次，中川東一郎『ダイナミックシステムの統計的解析と制御』サイエンス社，1970（改訂版，2000）

[A.3] H. Akaike, "Autoregressive model fitting for control, *Annals of the Institute of Statistical Mathematics*, Vol. 23, pp. 163-180, 1971

[A.4] 赤池弘次，北川源四郎編『時系列解析の実際』朝倉書店，1994/1995

[A.5] H. Akaike, "Information theory and an extension of the maximum likelihood principle", *Proceedings of 2nd International Symposium on Information Theory* (B.N. Petrov and F. Csaki eds.), Akademiai Kiado, Budapest, pp. 267-281, 1973

[A.6] H. Akaike, "A new look at the statistical model identification", *IEEE Transactions on Automatic Control*, AC-19, No. 6, pp. 716-723, 1974

[A.7] 小西貞則，北川源四郎『情報量規準』予測と発見の科学，朝倉書店，2004

[A.8] G. Schwarz, "Estimating the dimension of a model", *Annals of Statistics*, Vol. 6, pp. 461-464, 1978

[A.9] H. Akaike, "On entropy maximization principle", in *"Applications of Statistics"*, P.R. Krishnaiah, ed., North-Holland, Amsterdam, pp. 27-41, 1977

[A.10] H. Akaike, "On the likelihood of a time series model", *The Statistician*, Vol. 27, pp. 217-235, 1978

[A.11] E.T. Whittaker, "On a new method of graduation", *Proceedings of the Edinborough Mathematical Society*, Vol. 78, pp. 81-89, 1923

[A.12] I.J. Good and J.G. Gaskins, "Density estimation and bump hunting by the penalized likelihood method exemplified by scattering and meteorite data", *Journal of the American Statistical Association*, Vol. 75, pp. 42-73, 1980

[A.13] R. Schiller, "A distributed lag estimator derived from smoothness priors", *Econometrica*, Vol. 41, pp. 775-778, 1973

[A.14] H. Akaike, "Likelihood and the Bayes procedure", in *"Bayesian Statistics"*, J.M. Bernardo, M.H. de Groot, D.V. Lindley and A.F.M. Smith, eds., Valencia, Spain,

University Press, pp. 143-166, 1980

[A.15] H. Akaike and M. Ishiguro, "BAYSEA, A Bayesian Seasonal Adjustment Program", *Computer Science Monograph*, No. 13, The Institute of Statistical Mathematics, 1980

[A.16] H. Akaike, "Factor analysis and AIC", *Psychometrika*, Vol. 3, pp. 317-332, 1987

[A.17] G. Kitagawa and W. Gersch, "*Smoothness Priors Analysis of Time Series*", *Lecture Notes in Statistics*, Vol. 116, Springer-Verlag, New York, 1996

[A.18] A. Doucet, N. de Freitas and N. Gordon, "*Sequential Monte Carlo Methods in Practice*", Springer, New York, 2001

[A.19] 赤池弘次「統計科学とは何だろう」統計数理, Vol. 42, pp. 3-9, 1994

[A.20] E. Parzen, K. Tanabe and G. Kitagawa, eds., "*Selected Papers of Hirotugu Akaike*", Springer Series in Statistics, Springer-Verlag, New York, 1998

索引

【ア行】

赤池情報量規準　122
アジョイント法　14, 24
アンサンブルカルマンフィルタ　2, 21
アンサンブルベース　18
アンサンブル予測　iii
閾値プロビットモデル　67
意思決定　37
異質性と共通性　61
異種情報　vi
一塩基多型　86
一般状態空間モデル　2, 8
遺伝子ネットワーク　85
遺伝子発現プロファイルデータ　85
イノベーション　8
医療用CT　29
エルニーニョ　3, 22
演繹　2
エントロピー　39

【カ行】

階層ベイズ　iii
　──モデル　62
外的参照価格　72
海面高度　25
ガウス過程　46
ガウス和近似　16
カオス　10
価格閾値　65
　──モデル　67
価格カスタマイゼーション　69
価格受容域　66
確率的シミュレーション　9
隠れ変数　33
隠れマルコフモデル　11, 38
カルバック距離　52
カルマンゲイン　21
カルマンフィルタ　16
観測モデル　9
季節調整　124
基底関数展開法　96
帰納　2
機能的核磁気共鳴画像法　40
逆問題　ii, 5, 15, 28, 29
境界条件　5
強化学習　44
切り替え状態空間モデル　50
グラフィカルガウシアンモデル　93
グラフィカルモデル　11
グラフ構造の事前確率　97
経験則　24
経験ベイズ　iii, 98

計測デザイン　31
結合配列　91
降下法　14
広告閾値モデル　78
広告効果　76
広告シングルソースデータ　59
広告ストック　77
広告露出回数　77
格子系　7
高速自動微分法　14
拘束付最小2乗法　ii
行動価値　44
効用最大化原理　64

【サ行】

最終予測誤差 FPE　119
最大エントロピー法　ii
最適化問題　14
最尤推定法　39
鎖状グラフィカルモデル　10
鎖状構造グラフィカルモデル　11
参照価格　67
サンプリング分布　47
時間スケール　24
次元の呪い　15
事後分布　ii,35
市場反応分析　58
システムモデル　8
事前分布　ii,35,125
実現値　18
シミュレーション　1,6
シミュレーションモデル　5

重点サンプリング法　47
周辺尤度　iii,97
主体間行動　62
主体内行動　62
準周期性　22,25
条件付分布　10
　——分布関数　i
　——予測分布　79
状態空間モデル　10,93,126
状態ベクトル　6,7
状態変数　7
消費者行動論　66
常微分方程式　93
情報事前分布　98
情報量　39
初期条件　5
信念　41
スパース　iv,vi
スプライン関数　16
制約付最小2乗法　ii,125
セグメンテーション　60
漸化式　11,12
先験的情報　ii
先験的知識　vi
潜在クラスモデル　60
浅水波方程式　27
前部前頭前野　40
創薬ターゲット遺伝子のイン・シリコ探索　85

【タ行】

対数尤度　122

代表的消費者　62
多変量ARモデル　121
タンパク質　88
　　——間相互作用データ　87
逐次データ同化　2,6
逐次ベイズ推定　33
逐次モンテカルロ法　19
知的情報処理　127
潮位　29
　　——計　27
超パラメータ　iii
津波　27
適合度　20
データ拡大　64
データ同化　ii,3
データベース　27
デモグラフィック　iv
転写　88
統計的最適制御法　121
トレードオフパラメータ　125
トレンドモデル　125

【ナ行】

内的参照価格　72
内部状態　41
ニューラルネットワーク　43
能動的なモデリング　128
ノンパラメトリック回帰　96

【ハ行】

バイオインフォマティクス　85
ハイパーパラメータ　98

パーソナライゼーション　v
パネルデータ　58
パラメトリックモデル　4
非ガウス非線形時系列モデル　10
非線形写像　8
非閉路有向グラフ　94
フィードバックシステム　24
フィルタ　11
フィルタリング　13,20
ブートストラップフィルタ　19
ブーリアンネットワーク　93
復元抽出　20
不都合な真実　4
部分観測　36
ブランド選択モデル　58
プロビットモデル　64
分散共分散行列　16
平滑化アルゴリズム　13,16
平滑化パラメータ　98
平滑化分布　11
平均値ベクトル　16
ベイジアンネットワーク　85,93
ベイズ推定　35
ベイズの定理　ii
ベイズフィルタ　36
偏微分方程式　7,24
翻訳　88

【マ行】

マイクロアレイ　85
マスマーケティング　60
マルチエージェント　41

未来デザイン　30
メッセンジャー RNA　88
モデルの事後確率　123
モデルの診断　25, 26
モデルの尤度　123
モンテカルロ　43
　——近似　17
　——フィルタ　18

【ヤ行】

大和堆　28, 30
有限混合分布モデル　60
有効広告ストック水準　78
尤度　20, 35
予測　11, 13, 19
　——視点　120
　——分布　43

【ラ行・ワ行】

ラニーニャ　3, 22
ラプラス近似　97
ランダム効果モデル　61
離散化作業　7
離散時間幅　14
離散選択モデル　63
リサンプリング　20
粒子　18
　——近似　18

　——フィルタ　2, 18, 46
理論式　5
連続混合分布モデル　61
ロジットモデル　64
ワントゥワンマーケティング　60

【英数字】

4次元変分法　14
ABIC　125
APF　49
AR モデル　119
BIC　123
B-スプライン　96
cDNA マイクロアレイデータ　91
condensation　48
DNA　86
fMRI　40
Greedy アルゴリズム　104
imputation　vi
IPCC　4
Kullback-Leibler 情報量　122
MAP 解　97
POS データ　58
Prospect 理論　66
SNP　86
SSH　25
ZC モデル　24
Zebiak and Cane　24

〈著者紹介〉

樋口 知之(ひぐちともゆき)

学　歴　　東京大学理学部地球物理学科卒業（1984）
　　　　　東京大学理学系研究科地球物理学専攻修士課程修了（1986）
　　　　　東京大学理学系研究科地球物理学専攻博士課程修了（1989）
　　　　　博士（理学）（1989）
職　歴　　文部省統計数理研究所助手（1989-1994）
　　　　　文部省統計数理研究所助教授（1994-2002）
　　　　　文部省統計数理研究所教授（2002-2004）
　　　　　情報・システム研究機構　統計数理研究所教授（2004-）

石井 信(いしいしん)

学　歴　　東京大学工学部反応化学科卒業（1986）
　　　　　東京大学工学系研究科情報工学専攻修士課程修了（1988）
　　　　　東京大学大学院工学系研究科計数工学専攻（1997）
　　　　　博士（工学）（1997）
職　歴　　(株)リコー（1988-1997）
　　　　　(株)ATR人間情報通信研究所研究員（1994-1997）
　　　　　奈良先端科学技術大学院大学情報科学研究科助教授（1997-2001）
　　　　　奈良先端科学技術大学院大学情報科学研究科教授（2001-）

照井 伸彦(てるいのぶひこ)

学　歴　　東北大学大学院経済学研究科博士後期課程修了（1990）
　　　　　博士（経済学）（1990）
職　歴　　山形大学人文学部講師（1988-1990）
　　　　　山形大学人文学部助教授（1990-1994）
　　　　　東北大学経済学部助教授（1994-1998）
　　　　　東北大学大学院経済学研究科教授（1998-）

　　　　　ミネソタ大学経済学部客員研究員（1990-1991）
　　　　　テキサスA&M大学統計学部客員研究員（1991-1992）
　　　　　文部省統計数理研究所・予測制御研究系・客員助教授（1994-1996）
　　　　　エラスムス大学ティンバーゲン研究所客員（1996-1997・2000）
　　　　　オハイオ州立大学フィッシャー経営大学院（2005）

井元清哉
（いもとせいや）

学　歴	九州大学理学部数学科卒業（1996） 九州大学大学院数理学研究科数理学専攻修士課程修了（1998） 九州大学大学院数理学研究科数理学専攻博士課程修了（2001） 博士（数理学）（2001）
職　歴	日本学術振興会特別研究員（1999-2001） 東京大学医科学研究所ヒトゲノム解析センター博士研究員（2001） 東京大学医科学研究所ヒトゲノム解析センター助手（2001-2007） 東京大学医科学研究所ヒトゲノム解析センター准教授（2007-）

北川源四郎
（きたがわげんしろう）

学　歴	東京大学理学部数学科卒業（1971） 東京大学大学院理学系研究科数学専攻修士課程修了（1973） 東京大学大学院理学系研究科数学専攻博士課程中退（1974） 博士（理学）（1983）
職　歴	統計数理研究所（1971-） 総合研究大学院大学（併任）（1988-） 統計数理研究所長（2002-） 情報・システム研究機構理事（2004-）

京都賞受賞祝賀会にて赤池氏を囲んで
（左より：石井信，井元清哉，赤池弘次，照井伸彦，樋口知之（敬称略））

統計数理は隠された未来をあらわにする
ベイジアンモデリングによる実世界イノベーション

2007年6月20日　第1版1刷発行	監修・著　樋口知之

発行所　学校法人　東京電機大学
　　　　東京電機大学出版局
　　　　代表者　加藤康太郎

〒 101-8457
東京都千代田区神田錦町 2-2
振替口座 00160-5- 71715
電話　(03)5280-3433（営業）
　　　(03)5280-3422（編集）

印刷　三美印刷(株)
製本　渡辺製本(株)
装丁　内海智美
　　　（ユーツークリエイト）

ⓒ Higuchi Tomoyuki　2007

Printed in Japan

＊無断で転載することを禁じます。
＊落丁・乱丁本はお取替えいたします。

ISBN978-4-501-54330-3　C3004

知的情報処理技術

オークション理論の基礎
ゲーム理論と情報科学の先端領域

横尾真 著
A5判 152頁

オークション理論とは，ゲーム理論をベースとして，電子商取引の最適化と社会効用の最大化を実現するための研究である。本書ではその基礎について，身近な実例を参照してわかりやすく解説した。

チャンス発見のデータ分析
モデル化＋可視化＋コミュニケーション
　　　　　　　　　　→シナリオ創発

大澤幸生 著
A5判 274頁

本書では「チャンス発見」を「意思決定において重要な事象・状況を発見すること」と定義し，そのための工学的技術および知識を体系的にまとめた。

スモールワールド
ネットワークの構造とダイナミクス

ダンカン・ワッツ 著
A5判 316頁

スモールワールド現象について論じた最初の書籍。その後のスモールワールドという新しい知見を獲得するプロセスが興味深く解説されている。

センサネットワーク技術
ユビキタス情報環境の構築に向けて

安藤繁 他編著
A5判 244頁

情報通信端末の小型化・低コスト化により，大規模・高解像度の分散計測システムを安価に構築できるようになった。本書ではその基礎技術から応用技術までを解説している。

メタデータと
　　　　　　セマンティックウェブ

曽根原登 編著
A5判 248頁

メタデータやセマンティックウェブの普及した背景から，基礎となる技術，標準化動向，実際の応用事例まで網羅。理論的・技術的理解を深め，ビジネスへの活用法を示唆する。

ベイジアンネットワーク技術
ユーザ・顧客のモデル化と不確実性推論

本村陽一・岩崎弘利 著
A5判 172頁

不確実性を含む事象の予測や合理的意思決定に利用することのできる確率モデルの一種であるベイジアンネットワーク。そのモデル化技術の応用について解説した。

チャンス発見の情報技術
ポストデータマイニング時代の意志決定支援

大澤幸生 監修・著
A5判 372頁

チャンス発見のという概念，チャンス発見に対する社会や科学からのニーズ，そして応用事例について，関連する各分野から最先端の研究者たちによってまとめられた一冊。

テキストマイニングを使う技術／作る技術
基礎技術と適用事例から導く本質と活用法

那須川哲哉 著
A5判 238頁

本書では，テキストマイニングを研究開発し，数多くの適用事例に関与した経験から，テキストマイニングの本質的な役割とその活用法を解説。

入門　独立成分分析

村田昇 著
A5判 258頁

信号の統計的な性質を利用して異なる特性を持つ信号を分離・抽出する信号処理あるいは多変量解析の問題として統一的に定式化され，これらを統合するものが独立成分分析である。本書では体系的に基礎的な内容をまとめている。

セマンティック技術シリーズ
オントロジ技術入門
ウェブオントロジとOWL　CD-ROM付

AIDOS 編著
B5変型 158頁

ウェブオントロジ言語（OWL）を中心として，エージェント技術からオントロジを概観し，ウェブの分散環境でのオントロジ記述のためのOWLを解説。